口絵1 人工衛星から見た地球の姿（1.1節参照）

丸くて青い地球の写真である．上部にはアフリカ大陸，アラビア半島，マダガスカル島などが見え，下部には南極大陸が見える．

この写真は，1972年12月7日にアポロ17号の乗組員によって，地球から約45000km離れたところから撮影され，The Blue Marble（青いビー玉）とよばれている．人工衛星の写真では最も古く，完全に輝く地球をとらえた数少ない写真の一つといわれている．

（西村祐二郎）

写真：NASA提供

口絵2 アイスランドの割れ目噴火による火山の直線的な配列（2.5.c・4.3.d項参照）

アイスランドには，大西洋中央海嶺が北東–南西方向に現れている．写真は1783年の大噴火で形成された中央リフト帯南部のラカギガル火口群である．さらにその南端地域では，2010年4～5月に大噴火がおき，大量の火山灰がヨーロッパの航空網を混乱させた．　（鈴木盛久）　　　写真：西田　進氏提供

新 ← 時間の経過方向 → 古

層理面:同一の時間面

口絵3　よく成層した地層:新第三紀須佐層群,山口県萩市須佐（3.5.c項参照）

　成層した面を層理面または地層面といい,同一の時間面を示す.これに直交する地層の積み重なりの順序は時間の経過方向を意味し,下の地層ほど古く,上の地層ほど新しい関係が成立する.これを地層累重（るいじゅう）の法則という．（西村祐二郎）

写真:西村・松里（1991）による

口絵4　伊豆大島の三原山でのストロンボリ式噴火（4.3.d項参照）

　東京都の伊豆大島は玄武岩質マグマでできた成層火山で,三原山（758 m）は島の中央部にあるカルデラ内にできた中央火口丘（内輪山）である.

　写真は1986年11月の三原山のストロンボリ式噴火であり,灼熱した火山弾,火山礫やスコリアが上空数百mの高さに噴き上げられている様子がよくわかる.この溶岩の粘性はハワイ式噴火に比較するとやや高い（図4.18参照）.このような噴火は玄武岩質マグマだけでなく,安山岩質マグマでもよく見られる.

（今岡照喜）

写真:中野　俊氏提供

口絵5　エベレストの山頂付近に見られるイエローバンド（4.5.b項参照）

　ヒマラヤ山脈は大陸衝突型の造山運動をうけて上昇し，8000 m級の峰々が連なっている．その最高峰エベレスト山頂下などでよく知られている縞模様が発達した地層（イエローバンド）は，海底に堆積した石灰岩が変成したものである．イエローバンド上部の山頂部を構成する地層（チョモランマ層）には，オルドビス紀の三葉虫や海ゆりの化石がみつかっており，衝突前のインド亜大陸とユーラシア大陸の間にかつて存在していたテチス海に生きていた海の化石である．イエローバンドとチョモランマ層の間には，北傾斜の正断層（STDS）が知られている（図4.28参照）．（世界自然遺産）　　　　　　　　　　　　　　　（高木秀雄）
写真：岡山　皓氏提供

口絵6　グラールス押しかぶせ断層：スイス・アルプス地域（4.6.c項参照）

　衝上断層によって，上盤がある程度の距離移動してきた場合，上盤側のある広がりをもつ地質体をナップとよぶ．ナップの基底断層は，しばしば水平に近いものがあり，そのような断層を押しかぶせ断層という．写真の白矢印の方向は，断層面を示す．その下盤が始新世の若い地層で，上盤にペルム紀の古い地層がナップとしてのっている．（世界自然遺産）　　　　　　　　　　　　　　　　　　　　　（高木秀雄，**写真撮影**）

 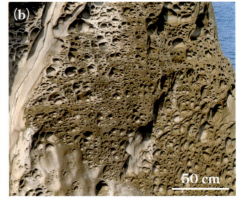

口絵7 花崗岩の玉ねぎ状風化：国東（くにさき）半島黒津崎（a）と砂岩の蜂の巣状風化：高知県室戸，夫婦岩（b）（4.7.a項参照）

(a) 花崗岩などの粗粒な岩石は風化を受けやすい．岩石の表面や節理にそった部分で風化が進行しやすく，岩石表面は皮殻状に剥離し，玉ねぎ状構造を形成する．中心の硬い部分がコアストーン，それをとりまく玉ねぎ状風化物が砂状になったものを真砂（まさ）という．

(b) 岩石表面に塩類風化でできた蜂の巣状のくぼみがタフォニである．

（高木秀雄，写真撮影）

口絵8 氷河侵食によるU字谷：ニュージーランド・ミルフォードサウンド（4.7.b項参照）

氷河は河川に比べて，はるかに大きい侵食力をもち，氷河が流れた跡には，U字谷が形成される．これに対して，河川はV字谷をつくる．（世界自然遺産）

（高木秀雄）

写真：西村祐二郎撮影

口絵9 リルン氷河末端部のモレーン：ヒマラヤ・ランタン地域（4.7.c項参照）

氷河で運搬されたのち堆積したものは漂礫土または氷河堆積物とよばれ，それが固結したものを漂礫岩という．漂礫土が氷河の移動によってはき寄せられると，モレーン（氷堆石堤）とよばれる地形をつくる．

（高木秀雄，写真撮影）

口絵10　室戸岬西側に発達する海成段丘（4.7.e項参照）

　写真の広い面（海抜180m付近に旧汀線あり）は，最終間氷期に形成されたと推定されている．隆起は地震時の隆起が多数回累積した結果と考えられているが，有史時代の地震隆起によるものは数m以下である（小池・町田，2001による）．
（高木秀雄）
写真：室戸ジオパーク提供

口絵11　38億年前の海洋の存在を示す礫岩研磨面（a）と枕状溶岩露頭（b）：グリーンランド・イスア産（5.2.b項参照）

（a）礫岩は陸上での侵食・削剥（さくはく）作用，河川による運搬作用，そして海での堆積作用の証拠である．
（磯崎行雄，**写真撮影**）

（b）枕状溶岩はマグマの水中噴火を意味している．どちらの写真も，ともに38億年前にすでに海が存在していたことを示している．
（磯崎行雄）

写真：丸山茂徳氏提供

口絵12　現世のストロマトライト：西オーストラリア・シャーク湾（5.2.b項参照）

　地球上に酸素発生型の光合成生物が初めて現れたのは，約27億年前であった．世界各地で堆積した石灰岩中に，ストロマトライトというドーム状構造がいっせいに出現した．ストロマトライトは酸素発生型の光合成能力をもつ細菌であるシアノバクテリアがつくるコロニーで，潮の満ち引きのある現世の浅い海岸でもつくられている．（世界自然遺産）
（磯崎行雄，**写真撮影**）

口絵13　25億年前の縞（しま）状鉄鉱層：西オーストラリア・ハマスリー産（5.2.c・6.2.b項参照）

　太古代末（約27億年前）になって，初めて光合成による酸素（O_2）が放出されるようになった．その酸素と海水に溶けていた還元鉄イオンが結合して，大量の酸化鉄として海底に堆積した．現在，使われている鉄製品は，ほとんど太古代最末期から原生代最初期（約25〜20億年前）の間に堆積した縞状鉄鉱層（BIF）から採掘・加工されたものである．

　西オーストラリア・ハマスリー地域の鉄鉱山は，大規模であり，原生代の縞状鉄鉱層の代表例である．
（磯﨑行雄，**写真撮影**）

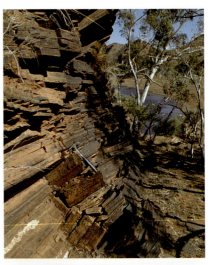

口絵14　遠洋深海起源の層状チャート（a）と放散虫化石の電子顕微鏡写真（b）（5.6.b項参照）

　岐阜県各務原（かかみがはら）市の木曽川ぞいの赤色層状チャート（a）と，このチャートから抽出されたジュラ紀の放散虫化石（b）である．チャートはほとんど二酸化珪素（SiO_2）でできたプランクトン（放散虫）化石の殻からなる堆積岩である．
（磯﨑行雄，**写真撮影**）

口絵15　長崎県雲仙普賢岳（ふげんだけ）の火砕流（4.3.d（3）項・6.3節参照）

　火砕流は高温の水蒸気などの火山ガスと火山灰，軽石，岩片などからなる高温の粉体流が，高速度で山体を流れ下る現象であり，最も危険な噴火様式である．

　写真は1991年6月24日早朝，普賢岳東方のおしが谷を流れる火砕流を自衛隊機から撮影したものである．写真上部は火山灰を主とする「灰かぐら」といわれる部分で，上昇中に周囲の空気をとり込み加熱することによって膨張しながら上昇している様子がよくわかる．6月3日の火砕流では，火砕流の恐ろしさを熟知していた専門家を含む43名の犠牲者がでて，衝撃を与えた．
（今岡照喜）　　　　　　　　**写真**：中田節也氏提供

口絵 16　ニュージーランド・ワイラケイ地熱地帯の蒸気井群（6.3.c 項参照）

　1958 年に世界で初めて熱水卓越型地熱地帯に掘られた生産井（深さ 500〜1200 m）が使われ，地熱発電に成功した．　（今岡照喜）　　　　　　　　　　　　　　　　　　　　　　写真：西村祐二郎撮影

口絵 17　強い地震動で倒壊した高速道路（6.4.b 項参照）

　1995 年の兵庫県南部地震では，震源に近い神戸市で地震動によって高速道路が倒壊した．　（金折裕司）
写真：毎日新聞社提供

口絵18　1995年の兵庫県南部地震の断層崖（野島断層）（6.4.b項参照）

野島断層にそって水田に亀裂が入ったり，断層直上の家屋の塀が分断されている．（金折裕司）
写真：毎日新聞社提供

口絵19　液状化に伴う噴砂丘（6.4.b項参照）

2000年の鳥取県西部地震による地盤の液状化で発生した噴砂丘である．　　　（金折裕司，写真撮影）

口絵20　梅雨末期の豪雨による花崗岩風化地域の土石流災害（6.5.a項参照）

「平成21年7月中国・九州北部豪雨」では，山口県防府市北西部の国道262号の左右両側で土石流が発生し，この国道と下流の集落を直撃した．　　（金折裕司）　　写真：国際航業株式会社・株式会社パスコ提供

基礎地球科学

第3版

西村祐二郎
鈴木盛久
今岡照喜
高木秀雄
金折裕司
磯﨑行雄
［著］

朝倉書店

執筆者

西村祐二郎（にしむらゆうじろう）	山口大学名誉教授
鈴木盛久（すずきもりひさ）	広島大学名誉教授
今岡照喜（いまおかてるよし）	山口大学名誉教授
高木秀雄（たかぎひでお）	早稲田大学教育・総合科学学術院教授
金折裕司（かなおりゆうじ）	前山口大学大学院理工学研究科教授
磯崎行雄（いそざきゆきお）	東京大学大学院総合文化研究科教授

（執筆順）

まえがき

　地球科学（earth science, geoscience）とは，地球の表層部から地球の内部までを含めた地球全体を研究の対象にする総合的な科学であり，自然科学の1つの分野である．高等学校の「地学」の一部にあたる．具体的には，現在の地球の構造や運動を解明するだけでなく，地球の生成から現在までの歴史の解明をも目的にしている．20世紀後半になって，地球上でおこるいろいろな事象がお互いに密接に関連しあっていることが明らかになり，地質学，古生物学，火山学，地球物理学など18世紀後半以降に生まれてきた学問分野の多くを統合した名称として「地球科学」が使われるようになってきた．

　本書は地球科学を初めて学習する教養教育あるいは共通教育の2単位用の教科書として，また将来，地球環境問題に携わる各学部生，理科教育に携わる教育系学部生，そして土木・建築業などに携わる工学系学部生の入門書にもなりうるよう企画された．内容的には，地球科学の基礎を平易に解説するとともに，地球環境問題を理解しその解決に向かって模索できるよう配慮した．また，高校教育ではややもすると軽視されている「地学」を広く普及させるため，「地学」を履修していない学生にも理解できるよう工夫した．

　地球は宇宙的視点からみると，極めて小さな天体にすぎない．しかし，私たち人間だけでなくあらゆる生命にとっては，とても大きな物体であり，また偶然とは思えないほどの恵まれた環境にあり，絶好なすみかを提供してくれている．地球上でおこっている諸現象やその生い立ちを探ってゆくと，地球がまさに「生きもの」であり「奇跡の星」であるようにも感じられてくる．地球は46億年前に太陽系の「第三惑星」として誕生し，長い時間をかけて「水惑星」として成長・発展してきた．その過程では，さまざまな要素や事象が微妙に関連しつつ，より安定な状態へと次第に分化してきたことも理解できる．地球の過去と現状を学ぶことは，未来の予測を可能にするだけでなく，いろいろな示唆を与えてくれるであろう．

　20世紀は人類の人口が飛躍的に増加し，その生活様式が大きく変化しただけ

でなく，それとともに科学・技術も急速に進展した．地球科学もその例外ではない．人類人口の急増，生活様式の変化，そして科学・技術の発展は，地球自身が誕生以来46億年という長い年月をかけて営々と築いてきた地球環境にいろいろな影響を与え，新たな地球環境問題をひきおこしている．このことが"今世紀，21世紀はまさに地球環境の時代"といわれる大きな理由の1つである．

　この「基礎地球科学」の受講あるいは利用によって，新しい自然観への確立の道が開かれ，今世紀最大の課題である地球環境問題に積極的に取り組んでいただける契機になることを，私たち執筆者は強く期待している．本書の初版は2002年10月に刊行された．それ以来，地球科学の各分野は目覚ましく進展し，またいくつかの定義や基準も改定されてきた．たとえば，日本の活火山の定義が2003年に，太陽系の惑星の定義が2006年に，新生代の区分が2009年になど，それぞれ変更された．一方2004年度以降には，国公立大学は独立行政法人化をうけ制度や運営面などが大きく変化するとともに，教養教育あるいは共通教育の重要性があらためて問われている．

　本書は初版を2002年10月に刊行し，第2版を2010年11月に出版した．その後も多くの方々に利用され8年以上が経過したので，さらに改訂を重ね第3版を発刊することにした．改訂に際して，最新の知見とデータを取り入れ，本文を見直し図表を更新するだけでなく，新たに図の一部を巻頭部にカラー口絵として移し刷新を図るとともに，表紙の世界地図をフルカラー化して講義などに活用していただけるよう，地図の配置も工夫した．また，より使いやすい教科書として，本書をスリム化することにも努めた．第3版が旧版に劣らず，地球科学の理解と活用に役立てば，この上ない慶びである．

　終わりに，本書を使用される先生方および読者の忌憚のないご意見やご叱正をいただければ幸いである．これまでに貴重なご意見をたまわった方々，および編集・改訂の労をとっていただいた朝倉書店編集部にお礼を申しあげる．

　2019年7月

編著者　西村祐二郎

目　　次

1. **地球の概観** ……………………………………………〔西村祐二郎〕… 1
    1.1　天体としての地球 ……………………………………………… 1
        a.　宇宙における地球 …………………………………………… 1
        b.　太陽系の形成とその性質 …………………………………… 3
        c.　かけがえのない地球——水惑星 …………………………… 4
    1.2　地球の形と大きさ ……………………………………………… 5
        a.　地球の形 ……………………………………………………… 5
        b.　地球の大きさ ………………………………………………… 6
    1.3　地球にかかる力 ………………………………………………… 10
        a.　重　力 ………………………………………………………… 10
        b.　地磁気 ………………………………………………………… 11
    1.4　地球のエネルギー ……………………………………………… 13
        a.　太陽放射のエネルギー ……………………………………… 13
        b.　地球内部のエネルギー ……………………………………… 15
        c.　地球システム ………………………………………………… 16

2. **地球の構造** ……………………………………………〔鈴木盛久〕… 18
    2.1　地球表面の姿 …………………………………………………… 18
        a.　大陸と海洋 …………………………………………………… 18
        b.　大陸地域の地形 ……………………………………………… 18
        c.　海洋地域の特徴 ……………………………………………… 20
    2.2　地球内部の姿 …………………………………………………… 22
        a.　地球内部を探る ……………………………………………… 22
        b.　地球内部の構造 ……………………………………………… 22
        c.　地球内部の諸量の分布 ……………………………………… 25
    2.3　地殻の構成と構造 ……………………………………………… 26

a.　大陸地殻の特徴と構造 …………………………………………… 26
　　　b.　海洋地殻の特徴と構造 …………………………………………… 27
　2.4　マントルと核の構成と構造 …………………………………………… 29
　　　a.　マントル …………………………………………………………… 29
　　　b.　核 …………………………………………………………………… 31
　2.5　地球表面をおおうプレート …………………………………………… 31
　　　a.　プレートとは ……………………………………………………… 31
　　　b.　海洋プレートと大陸プレート …………………………………… 32
　　　c.　プレートの境界と大地形 ………………………………………… 33
　2.6　地球内部の働き ………………………………………………………… 36
　　　a.　地球内部トモグラフィー ………………………………………… 36
　　　b.　プルームとは ……………………………………………………… 37
　　　c.　地球内部の大循環 ………………………………………………… 38
　2.7　地球表層の凹凸と地下でのバランス ………………………………… 39
　　　a.　大陸地域と海洋地域の相違点 …………………………………… 39
　　　b.　アイソスタシー …………………………………………………… 40

3.　地殻の物質 ……………………………………………………………… 42
　3.1　地殻の化学組成 ……………………………………………〔今岡照喜〕… 42
　　　a.　地殻の構成単元 …………………………………………………… 42
　　　b.　地殻の元素組成 …………………………………………………… 42
　3.2　鉱物とその形成条件 …………………………………………………… 45
　　　a.　鉱物とは …………………………………………………………… 45
　　　b.　鉱物の性質 ………………………………………………………… 45
　　　c.　鉱物の分類 ………………………………………………………… 46
　　　d.　鉱物の形成条件 …………………………………………………… 47
　3.3　岩石の分類とそのサイクル ………………………………〔西村祐二郎〕… 50
　　　a.　岩石の性質と分類 ………………………………………………… 50
　　　b.　岩石のサイクル …………………………………………………… 50
　3.4　火成岩と火成作用 …………………………………………〔今岡照喜〕… 52
　　　a.　火成岩の分類と産状 ……………………………………………… 52
　　　b.　玄武岩質マグマの発生と分化 …………………………………… 55

  c. 花崗岩の起源 …………………………………………………… 59
 3.5 堆積岩と堆積作用 ……………………………〔西村祐二郎〕… 62
  a. 堆積物と続成作用 ………………………………………… 62
  b. 堆積岩の分類と命名法 …………………………………… 62
  c. 堆積岩の二大原理 ………………………………………… 64
  d. 付加体の形成 ……………………………………………… 65
 3.6 変成岩と変成作用 ………………………………………………… 67
  a. 変成作用の2つの要素 …………………………………… 67
  b. 変成岩の分類と命名法 …………………………………… 70
  c. 変成作用の種類と特徴 …………………………………… 70
  d. 変成岩の温度と圧力による分類 ………………………… 71

4. 地殻の変動と進化 …………………………………………………… 75
 4.1 大陸移動説からプレートテクトニクスへ …………〔髙木秀雄〕… 75
  a. 大陸移動説とマントル対流説 …………………………… 75
  b. 古地磁気学による大陸移動説の復活 …………………… 76
  c. 海底研究の成果 …………………………………………… 79
 4.2 プレートテクトニクス …………………………………………… 85
  a. プレートテクトニクス理論の確立 ……………………… 85
  b. プレートとプレート境界 ………………………………… 87
  c. プレートを動かす原動力 ………………………………… 87
  d. プルームテクトニクス …………………………………… 88
 4.3 火山活動 ……………………………………………〔今岡照喜〕… 88
  a. 火山の分布 ………………………………………………… 88
  b. 火山の形と構造 …………………………………………… 89
  c. 火山噴火のメカニズム …………………………………… 92
  d. 火山噴火の様式 …………………………………………… 93
  e. 火山の成因 ………………………………………………… 95
 4.4 地震現象 ……………………………………………〔金折裕司〕… 96
  a. 地震発生のメカニズム …………………………………… 96
  b. 震央の決定 ………………………………………………… 98
  c. 震度とマグニチュード …………………………………… 99

  d. 地震の分布 …………………………………………… 101
4.5 造山運動 ………………………………………〔髙木秀雄〕… 102
  a. 沈み込み型造山運動（帯） …………………………… 103
  b. 大陸衝突型造山運動（帯） …………………………… 103
  c. 古い時代におこった造山運動 ………………………… 105
4.6 地質構造とその記載 …………………………………… 105
  a. 地殻変動と変形様式 …………………………………… 105
  b. 褶曲 ……………………………………………………… 106
  c. 断層とせん断帯 ………………………………………… 108
4.7 地球表層の変化 ………………………………………… 112
  a. 風化作用 ………………………………………………… 113
  b. 侵食作用 ………………………………………………… 114
  c. 運搬と堆積 ……………………………………………… 116
  d. 整合と不整合 …………………………………………… 117
  e. 海水準の変動 …………………………………………… 118

5. 地球の歴史 ………………………………………………… 121
5.1 地質年代と地質年代尺度 ………………………〔西村祐二郎〕… 121
  a. 層序区分と対比 ………………………………………… 121
  b. 地質年代の区分体系：相対年代 ……………………… 122
  c. 絶対年代：放射年代 …………………………………… 123
  d. 地質年代尺度 …………………………………………… 124
5.2 地球46億年史の概観：先カンブリア時代 ……………〔磯﨑行雄〕… 125
  a. 冥王代 …………………………………………………… 125
  b. 太古代 …………………………………………………… 126
  c. 原生代 …………………………………………………… 128
5.3 地球環境と現代型生物の進化：顕生代 ………………… 131
  a. 生物の多様化・陸上への進出：古生代 ……………… 131
  b. 現代型環境・生物の進化：中生代 …………………… 135
  c. 新しい気候と哺乳類時代の成立：新生代 …………… 137
5.4 人類紀：第四紀 ………………………………………… 138
  a. 氷河時代 ………………………………………………… 138

		b. 第四紀の動植物 ·································	138
		c. 人類の進化 ·····································	139
5.5	日本列島の地質と構造 ·································		141
		a. 日本列島の基本構成 ······························	141
		b. 日本列島の帯状構造 ······························	143
		c. 日本列島の新しい構造 ····························	146
5.6	日本列島の形成と進化 ·································		148
		a. 誕生（受動的大陸縁）の時代 ····················	148
		b. 成長（活動的大陸縁）の時代 ····················	149
		c. 島弧の時代 ····································	153
		d. 日本列島の未来 ·································	155

6. 地球と人類の共生 ··· 156

6.1	地球環境の変遷 ·· 〔金折裕司〕···	156
	a. 原始大気と原始海洋 ······························	156
	b. 酸素の発生とオゾン層の形成 ····················	157
	c. 寒冷-温暖の大サイクル ··························	157
	d. 氷期-間氷期 ·····································	158
	e. 海洋酸素同位体ステージ ··························	158
6.2	天 然 資 源 ···	159
	a. 岩石・鉱物資源 ·································	159
	b. 金属資源 ···	160
	c. 化石エネルギー資源 ······························	161
	d. 地熱資源 ···	164
	e. 新エネルギー ·····································	164
6.3	火山との共生 ··· 〔今岡照喜〕···	165
	a. 火山災害の種類と規模 ····························	165
	b. 火山噴火の予知と防災 ····························	168
	c. 火山の恩恵 ······································	170
6.4	地 震 災 害 ·· 〔金折裕司〕···	172
	a. 被害地震の発生場所 ······························	172
	b. 地震被害のタイプ ·································	174

    c. 地震の予知 …………………………………………………… 176
    d. 地震防災 ……………………………………………………… 177
6.5 その他の災害 ……………………………………………………… 178
    a. 土砂災害 ……………………………………………………… 178
    b. 人為災害 ……………………………………………………… 180
6.6 最近の地球環境問題 ……………………………………………… 182
    a. オゾンホール ………………………………………………… 182
    b. 酸性雨 ………………………………………………………… 183
    c. 地球の温暖化 ………………………………………………… 184
    d. 放射性廃棄物 ………………………………………………… 186
6.7 開発と自然との調和 ……………………………………………… 188

文　　献 ……………………………………………………………… 189
索　　引 ……………………………………………………………… 195

1. 地球の概観

　人工衛星から送られてきた地球の映像は，丸くて青く輝いて見える（口絵1）．それは地球が大気と液体の水を豊富に蓄えているからである．その結果として現在，地球のありとあらゆるところに多種多様の動植物が網目状に生息しており，77億人にもおよぶ私たち人類が繁栄している．生命を育むこのかけがえのない地球について，宇宙，力，エネルギー，時間，分化，人間などの視点からその性質や特徴を概観してみよう．また，次章以降にも深く関連する地球全体の基礎的な事象についても解説する．

1.1　天体としての地球

a. 宇宙における地球　私たちがすむこの地球は，太陽系に属している．太陽系は恒星である太陽を中心にして，8個の惑星とその衛星，5個の準惑星，そのほか多数の太陽系小天体（小惑星，太陽系外縁天体，彗星など）で構成されている．太陽と惑星の大きさを図1.1に，また各惑星の太陽からの距離と公転周期を図1.2に，それぞれ示す．

　太陽に近い4つの惑星を地球型惑星，遠い4つの惑星を木星型惑星という（図1.1）．太陽から地球までの距離は約1.5億km（軌道長半径＝1.496×10^8 km，表1.1参照）であり，これを1天文単位とよび，距離の基準にされている（図1.2）．

　太陽系は銀河系に属している．銀河系は太陽と同じように自らが光を放つ約1000億個の恒星と星間物質からなる巨大な集団である．図1.3に示すように，銀

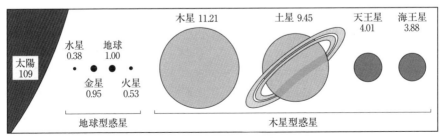

図1.1　太陽系の惑星とその大きさ
数字は地球の赤道半径を1としたときの各惑星と太陽の赤道半径の割合を示す．

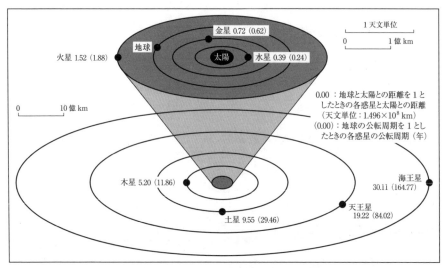

図 1.2 各惑星の太陽からの距離と公転周期
上の図は地球型惑星の軌道を 10 倍に拡大したものである．

河系は凸レンズ状の銀河円盤とそれを球状にとりまくハローからできており，円盤部の中心にはバルジとよばれる膨らみをもつ．太陽系は銀河系の中心から約 28000 光年離れた円盤部に位置し，約 2.2 億年の周期で銀河系中心の周りをまわっている（図 1.3）．銀河系のさらに外側には，銀河系に匹敵する規模の天体が非常に多く（1000 億個以上）存在していて，それぞれを銀河という．銀河はさらに銀河群，銀河団，超銀河団などとよばれる大きな集団をつくっている．このような物質とエネルギーを含む空間全体を宇宙という．

宇宙が一様に膨張していることは，1929 年にハッブル（E.P. Hubble, アメリカ）によって明らかにされた．このことは逆に過去にさかのぼれば，宇宙は非常に小さく圧縮されていて，極めて高温度・高密度の状態にあったことになる．宇宙がこのような状

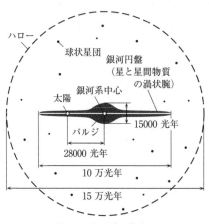

図 1.3 銀河系の模式図
銀河面にそってみたもの．銀河円盤を上からみると，渦巻き状にみえる．

態から爆発的な膨張によって始まったという考え方は，1949年にガモフ（G. Gamov，アメリカ）によって提唱され，その後ビッグバンモデルとよばれている．こうして，宇宙はビッグバンの大爆発によって，約138億年前に誕生したと考えられている．宇宙誕生から7億年ほどたつと，恒星や銀河などが形成され始め，銀河系（天の川銀河）も120億年ほど前に誕生したといわれている．

b. 太陽系の形成とその性質　太陽系は銀河系に浮かぶ星間分子雲から，約46億年前に生まれた．星間分子雲は水素やヘリウムなどの気体（ガス）を主とし，少量の鉱物，金属，氷などの微細な固体（塵）を含んでいる．星間分子雲は自身の重力によって収縮し，中心部に原始太陽をつくり，その周りを回転する原始惑星系円盤（半径100天文単位）とに分化した．その円盤のなかで，塵は中央部に集まり薄い層をつくり，さらにその層が分裂し，無数の微惑星（直径数km）を形成した．微惑星は互いに衝突と合体をくり返して大きくなり，数十個の原始惑星に成長した．その後，内側の原始惑星は互いにジャイアントインパクト（大規模な衝突）をくり返し，岩石質の地球型惑星を形成した．一方，外側の原始惑星は氷を多く含み，また大きな重力のために円盤からガスをとり込み，巨大な木星型惑星となった．この間に，原始太陽も核融合反応を始め，主系列星の太陽になった．これらの形成には1億年くらいを要したと推定され，いまから46億年前に，太陽や地球などがほぼ同時に誕生したとされている（阿部，1996, 2015）．

太陽は誕生以来，水素の核融合反応によって光を放出し続けている．この水素の燃焼は100億年くらいは続くと考えられている．したがって，太陽は今後50億年以上も活動し続け，地球などの惑星とともに死滅してゆく宿命にある．

太陽系の惑星は半径，質量，平均密度などによっても，地球型惑星と木星型惑星の2つのグループに分けられる（図1.1, 表1.1）．

(1) 地球型惑星：　太陽に近い水星，金星，地球および火星からなる．これら

表1.1　太陽，惑星および月の比較（理科年表，2018）

	太陽	地球型惑星				木星型惑星				月
		水星	金星	地球	火星	木星	土星	天王星	海王星	
赤道半径 (km)	696000	2440	6052	6378	3396	71492	60268	25559	24764	1737
扁平率*	0	0	0	0.0034	0.0059	0.0649	0.0980	0.0229	0.0171	3軸不等
質量（地球=1）	332946	0.05527	0.8150	1.0000	0.1074	317.83	95.16	14.54	17.15	0.0123
平均密度 (g/cm³)	1.41	5.43	5.24	5.51	3.93	1.33	0.69	1.27	1.64	3.34
軌道長半径 (10^8 km)	—	0.579	1.082	1.496	2.279	7.783	14.294	28.751	45.045	—
放射量（地球=1）**	—	6.67	1.91	1.00	0.43	0.037	0.011	0.0027	0.0011	1.00
衛星の数	—	0	0	1	2	79	65	27	14	—

* （赤道半径−極半径）/赤道半径，** 太陽からの放射エネルギー．

は表面が岩石でできており，中心に金属鉄があり，大きさも地球くらいで，密度が大きい．地球型惑星の密度の相違は，中心の金属鉄の占める割合が少しずつ異なっているからである．このような地球型惑星の性質は，星間分子雲のうちのガス成分や氷成分が原始太陽によって吸収されたり，吹きとばされたりして，石鉄成分が濃集してできたことを示している．最近では，化学組成や形成過程に基づいて，地球型惑星を岩石惑星あるいは固体惑星ともよんでいる．

火星と木星の軌道の間の空間には，小惑星とよばれる70万個以上の小天体が発見されている．それらの大部分は半径10km以下である．小惑星はおもに地球型惑星の破片とみなされ，地球に飛来する隕石の大部分に相当すると考えられている．隕石は太陽系や地球の起源を解明するための重要な試料である．

(2) **木星型惑星**： 太陽から遠い木星，土星，天王星および海王星からなる．これらは表面が大量の水素やヘリウムのガスでおおわれ，中心に石鉄質と氷の核をもち，地球に比べて大きく，密度が小さい．土星だけでなく，その他の惑星にもリングがある．氷成分は木星と土星には少ないが，天王星と海王星にはかなり多く含まれている．これらのことから最近では，木星と土星を巨大ガス惑星，天王星と海王星を巨大氷惑星とよび，岩石惑星とともに3区分することもある．

c. かけがえのない地球――水惑星 　地球は太陽から3番目の公転軌道上にあり，太陽系のなかでただ1つ液体の水と生命が存在する天体である．これらのことから，地球は第三惑星あるいは水惑星ともよばれている．液体の水が存在することは，地球上に生命を誕生させ，多種多様な生物の生存を可能にした最も重要な条件である．

地球に水が存在するのは，太陽からの距離に関係している．もし，地球が現在の位置から数％内側に，または数十％外側にあったとすると，水は液体として存在しえなかったであろう．地球の大きさと質量は，水や大気を表面に留めておくのに十分な重力（1.3.a項参照）を生じうる．地球より小さい水星や月では，重力が小さいため，大気や水を留めておくことができない．

地球の表面をおおう豊富な海水は，暖まりにくく冷めにくい性質があり，地表の温度変化を小さくおさえる役割をはたしている．地球の外層をとりまく大気は，太陽によって暖められた地表や海水の熱が宇宙空間に逃げるのを防いでいる．また，地球の自転軸が公転軸に対して23.4°傾いているので，緯度の違いによる温度差が小さく，地球全体の気温変動がおさえられている．このような作用によって，地球上には液体の水が存在しているのである．

水惑星——地球はさらに後述する磁気圏やオゾン層の働きによって，有害な宇宙線や紫外線からも守られているため，私たち人類だけでなくあらゆる生命にとって，最適な生活環境が築きあげられてきたのである（図1.13参照）．地球は生物にとって，まさにかけがえのない天体といえるであろう．

1.2 地球の形と大きさ

a. 地球の形 地球が丸いと考えた最初の人は，紀元前6世紀のピタゴラス (Pythagoras, ギリシア) である．地球の円周はそれから3世紀たって，エラトステネス (Eratosthenes, ギリシア) によって初めて約45000 kmと見積もられた（図1.4）．これは現在の測定値（約40000 km）よりも13%大きいだけであり，当時としてはかなり正確な値であったと思われる．

(1) 回転楕円体： 地球が球形である理由は，17世紀後半になってニュートン (I. Newton, イギリス) によって示された．彼が提唱した万有引力の法則によれば，地球のすべての粒子は重心に向かって引きよせられるので，球形が最も自然な形になるのである．しかしニュートンは同時に，地球が自転しているため，遠心力が高緯度から赤道に向かって大きくなるので，正確な球体ではないことも指摘した．すなわち，地球は遠心力が最も大きい赤道付近で膨らみ，遠心力の無視される極の部分がへこんだ回転楕円体になっていると主張した（図1.5）．

その当時えられていた測量結果は，ニュートンの主張とは反対であった．これを解決するために，フランス学士院は1735～43年にかけてエクアドル（アンデス山脈：1.5°S）やラップランド（北欧：66°N）へ測量隊を派遣し，緯度1°の測量を実施した．その結果はニュートンの理論を支持するものであった．

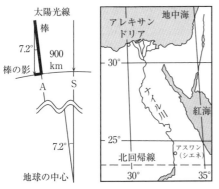

図1.4 エラトステネスの測定原理
左図のシエネ（現在のアスワン）とアレキサンドリアは約900 km（5000スタジア）離れており，同一子午線上にあると仮定する．
夏至の日の正午に両地点に棒を立てると，シエネでは影はできないが，アレキサンドリアでは影が見られる．この影の長さと棒の長さを測定して，緯度差として7.2°を求める．これらから，地球の円周 = 900 km × 360° ÷ 7.2° = 45000 kmがえられる．シエネとアレキサンドリアとは同一子午線上にないため，測定誤差が大きくなったと考えられる．
エラトステネスは地球の形が球であり，太陽からの光線が平行であることをすでに知っていたのである．

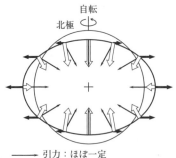

図 1.5 赤道方向に膨らんだ回転楕円体
（図は誇張して示されている）

──▶ 引力：ほぼ一定
━▶ 遠心力：緯度によって変化
⇨ 重力：引力と遠心力との合力

ニュートンが求めた扁平率〔（赤道半径−極半径）/赤道半径〕は 1/230 であったが，現在の測定結果は 1/298.257 である．これは直径 30 cm の地球儀であれば，赤道方向がわずか 1 mm 膨らんでいるにすぎない．したがって実質的には，地球は球形として扱ってもよいことになる．

(2) ジオイドと地球楕円体: 地球の表面には高い山もあれば深い海もあって，幾何学的に凹凸があり，平滑な楕円体ではない．海洋についてその平均海水面を考えてみると，それは1つの滑らかな曲面を描く．この平均海水面を陸地にまで延長してみると（陸地に溝を掘って海水を入れたときの平均海水面を想定する），地球全体をおおう仮想の面がえられる．この面をジオイド（geoid：地球に似たもの）という．ジオイドは重力の方向すなわち鉛直線に垂直であり，海洋では平均海水面と一致するが，陸地内では地表面とは一致しない（図1.6）．

このジオイドに最もよく合う回転楕円体を地球楕円体といい，赤道半径と扁平率とによって表すことができる（表1.2）．これは各国の測量にとって，重要な基準になっている．

b. 地球の大きさ 大きさには，いろいろな概念がある．ここでは地球のもつ空間的な大きさ，時間的な大きさ，そして変化の大きさについて解説する．

(1) 空間的な大きさ: 地球に関するいろいろな数値および量は，地上からだけでなく人工衛星を利用して，高精度で測定されている．表1.2をみながら，地球の空間的な大きさがどのような意味をもつかについて，考えてみよう．

宇宙的な視点でみれば，地球半径の約 6400 km は太陽系のなかでも小さい方であり，さらに銀河系や宇宙のなかでは，極めて小さな天体にすぎない．

しかし，私たちの人間的な視点からみれば，どうであろうか．最も高いエベレスト山はヒマラヤ山脈のほぼ中央部にあり，海抜 8848 m を示す．これまで優れた登山家はその山頂を極めて

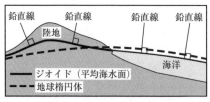

図 1.6 ジオイドと地球楕円体（図は誇張して示されている）

きたが，ふつうの人々には征服できない高度である．最も深い海はマリアナ海溝のチャレンジャー海淵にあり，水深10920 m に達している．現代の潜水調査船（有人・無人）では，チャレンジャー海淵の最深部まで潜水した記録が数例ある．しかし，大部分の深海底は，未知の世界なのである．このような地球表層の最大凹凸は約 20 km であり，地球が赤道方向に膨らんでいる値とほぼ一致している．この 20 km という数値は，直径 30 cm の地球儀では 1 mm の凹凸に相当する．また，半径 6.4 cm の円をノートに描いてみると，その鉛筆の線は細く描いても 0.2 mm くらいである．これを地球になぞらえると，0.2 mm の線が 20 km に相当し，その線のなかですら未知な部分が残されているのである．

表 1.2 地球に関するおもな定数など（理科年表，2018 などによる）

赤道半径 a	6378.137 km*
極半径 b	6356.752 km
平均半径 $(2a+b)/3$	6371 km
扁平率 $(a-b)/a$	1/298.257*
赤道円周	40075.040 km
子午線円周	40007.880 km
自転角速度 ω	7.292115×10^{-5} rad/s
赤道重力	978.033 gal
極重力	983.219 gal
表面積	5.10066×10^8 km²
陸と海の面積比	28.9：71.1
体積	1.083209×10^{12} km³
質量	5.972×10^{24} kg
平均密度	5.514 g/cm³
岩石の密度	2.7〜3.0 g/cm³
最も高い山	8848 m（エベレスト山）
最も深い海	10920 m（マリアナ海溝）
陸地の平均高度	840 m
海底の平均深度	3729 m

* 測地基準系 1980．

　それでは固体地球の内部へは，どれくらい手が届いているのであろうか．現在の世界記録は，旧ソ連がノルウェー国境に近いコラ半島で 1992 年に実施した超深度ボーリング計画であり（図6.8参照），地下 12261 m に達している．この値は地球半径の 0.2% にも満たない．ノートに描いた円の例でみれば，鉛筆の線の半分を少しすぎた程度であり，それより内部には手が届いていないのである．

　このように地球は，表層が大気や水でおおわれ，その下は固体の岩石からできているため，現代の科学技術でもそのほとんど大部分に直接手が届いていないといってよい．地球は人間にとって，とてつもなく大きな物体なのである．これが地球科学のもつ1つの特徴である．しかし，本書の各所で解説するように，科学者たちは間接的な手法を駆使して，地球内部の性質を解明してきた．

　(2) 時間的な大きさ：　地球が太陽とともに約 46 億年前に誕生し，宇宙誕生後（138億年前）のほぼ 3 分の 1 を体験してきたことは，すでにのべた．この地球 46 億年という時間的な大きさが，地球科学のもつもう 1 つの大きな特徴であり，地球科学を学ぶうえで重要な概念でもある．地球 46 億年史については 5.2〜

5.4 節で，また，日本列島 7 億年史は 5.6 節で，それぞれ詳しく紹介しているが，時間の概念は本書の全体に関連するので，ここでその概要を解説しておきたい．

後見返しに，「地球史年表」と「顕生代年代表」とを掲載している．地球史年表では，地球 46 億年史の年代区分と大きな出来事を一覧できる．顕生代年代表では，最近 6 億年の時間スケールを拡大し，その年代区分とおもな出来事を示している．たとえば，地球誕生の 6 億年後にあたる 40 億年前には，最古の岩石（大陸地殻の一部）が形成されるとともに原始海洋も形成され，海のなかに原始的な生命が発生した．27 億年前には，シアノバクテリアが出現し，光合成をおこない始め，遊離酸素がつくられるようになり，14 億年前に多細胞生物が出現した．5.41 億年前以降は本格的な大型生物の時代となり，顕生代を迎える．4.5 億年前にオゾン層が形成され，生物の陸上進出が始まった．2～1 億年前に全盛を極めた恐竜は，6600 万年前に絶滅し，その後は哺乳類の時代となった．人類は 700 万年前になって初期猿人として出現した．私たちホモ・サピエンス（現代人）は 20 万年前に姿を現している．人類が文化をもちだしたのは，農耕や牧畜を始めた約 12000 年前であろう．古代文明の萌芽は 5000 年前のことであり，機械文明の発祥や日本の開国は約 150 年前のことである．

このように一口で何億年前，何千万年前，何万年前などといっても，それぞれの時間がもつ大きさあるいは間隔は，実感されにくい．私たちの時間感覚は，せいぜい自分の生きてきた年数あるいは 1 年くらいであろう．そこで，地球 46 億年史を 1 年間に換算して，いろいろな出来事の年代を月日と時刻で示すと，かなりよく実感できるに違いない．

この換算表（表1.3）によれば，地球は自分の力で 1 年間にいろいろと成長・発達するなかで，生物にとって絶好の生活環境を 11 月末ごろまでにつくってきた．その結果，哺乳動物としての人類が 13 時間くらい前に出現し，初期猿人から進化した現代人が機械文明をもつようになり，わずか 1 秒間で地球に大きな影響を与え，最近の地球環境問題をひきおこしている（6.6, 6.7 節参照）．私たちはこのことをより深く，またより十分に理解すべきである．なお，古い時代をとく学問分野とみなされている考古学は 13 時間くらいを，歴史学は 1 分間たらずを研究対象にしているが，地球科学はまるまる 1 年間を扱っているのである．

(3) **変化の大きさ**：　地球上ではいつもどこかで，いろいろな変化がおこっている．それら個々の動きの速さには，ジェット機や新幹線なみの速いものから，目には見えない非常に遅いものまで変化に富んでいる（図 1.7）．1995 年 1 月の

表 1.3 地球 46 億年史のおもな出来事（後見返しの 2 つの表を参照）を 1 年間に換算

地球の誕生（核・マントルの分化）	46 億年前	1月1日0時0分0秒0⋯
最古の岩石の形成：冥王代／太古代	40 億年前	2月17日
原核生物（最古の化石）の出現	35 億年前	3月29日
光合成の開始	27 億年前	5月31日
太古代／原生代の境界	25 億年前	6月16日
最初の超大陸（ヌーナ）の出現	19 億年前	8月3日
多細胞生物の出現	14 億年前	9月11日
日本列島 7 億年史の始まり	7 億年前	11月5日
大型生物の時代の始まり：原生代／顕生代	5.41 億年前	11月18日
オゾン層の形成，生物の陸上進出	4.5 億年前	11月26日
フズリナの絶滅：古生代／中生代	2.52 億年前	12月12日
恐竜の全盛期	1.5 億年前	12月20日
哺乳類の時代の始まり：中生代／新生代	6600 万年前	12月26日19時
人類（初期猿人）の出現	700 万年前	12月31日10時40分過ぎ
ホモ・サピエンス（現代人）の出現	20 万年前	12月31日23時37分過ぎ
農耕牧畜の開始，間氷期の始まり	1.2 万年前	12月31日23時58分38秒前後
古代文明	5000 年前	12月31日23時59分26秒前後
機械文明	150 年前	12月31日23時59分59秒前後
現　在	0 年前	12月31日23時59分59秒59⋯

　兵庫県南部地震では，地下で断層がずれて発生した地震波が，秒速 6〜3 km で周囲に伝わり，地表で激しい地震動をひきおこした（6.4 節参照）．また，1991 年 6 月に雲仙普賢岳で発生した火砕流（口絵 15）は，時速約 100 km で流下し，ふもとの住宅街をおそった（6.3 節参照）．これらは最も速い動きの例である．これに対して，大陸の移動あるいはプレートの動きは年に数 cm 程度，深海底での堆積速度はさらに遅く 1000 年に数 mm 程度であり，最も遅い動きに相当する．一般的に，速い動きは瞬間的におこり継続性に乏しいが（くり返すことはある），遅い動きは継続性があり，その変化が累積してゆく．

　いまから約 3 億年前までは，すべての大陸が集まり，1 つの巨大な大陸（パンゲア）をつくっていた．その後，パンゲア内に割れ目ができ四方に移動して，現在の大陸の位置関係になったといわれている（大陸移動説：4.1.a 項参照）．南アメリカ東岸の凸部とアフリカ西岸の凹部はかつて接合していたが，いまでは約 5000 km も離れている．これが 2 億年間で一様な速さで離れたと仮定すると，その移動速度は 2.5 cm/年（$= 5 \times 10^8$ cm $\div 2 \times 10^8$ 年）となる．また，VLBI（超長基線干渉法）測地実験では，ハワイ諸島は日本列島に 1 年に 6 cm ずつ接近しているとされている．今後もほぼ同じ速度で接近し，東京-ホノルル間を 6000 km と仮定すれば，1×10^8 年（$= 6 \times 10^8$ cm $\div 6$ cm/年）となり，1 億年後には日本列

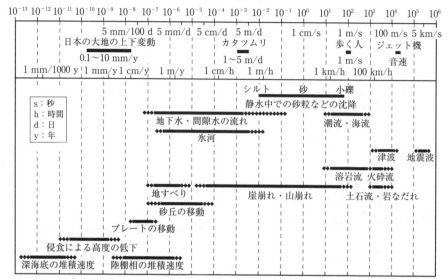

図 1.7 地球表層でおこる諸現象の動きの速さ

島とハワイ諸島は合体することにもなる．このように，目には見えない非常に遅い動きでも，それが何億年あるいは何千万年と継続すれば，累積した変化の総量は極めて大きくなる．このことが地球科学のもつ3つめの特徴である．

1.3 地球にかかる力

a．重　力　地球が地球上の物体を引っぱる力を重力という．重力は地球の質量による万有引力と自転による遠心力との合力である．図1.8に示すように，地球を半径rの球と近似し，その全質量をM，自転の角速度をω，万有引力定数をG（$6.67\times10^{-11}\,\mathrm{m^3/kg\cdot s^2}$）とすると，緯度$\varphi$の地表Pにおける単位質量に作用する引力$F$と遠心力$f$は，それぞれ$F=GM/r^2$および$f=\omega^2 r\cos\varphi$で与えられる．したがって，両者の合力である重力は緯度の関数となる．

引力は地球の中心に向かって働いているのに対し，遠心力は自転軸に直角の方向に働くので，遠心力は両極では0となり，赤道では最大の$\omega^2 r$になる．表1.2の定数を用いて計算すると，平均的な引力は$981.4\,\mathrm{cm/s^2}$となるのに対し，遠心力は赤道でも$3.4\,\mathrm{cm/s^2}$（約1/289）となるので，重力はほぼ地球の中心に向かう力であるといえる．

(1) 重力加速度:　物体を自然に落下させると，重力によって加速度が生じ

る．これを重力加速度（単位質量あたりの重力）という．重力加速度は g で示され，単位は cm/s² で表されるが，ガリレイ（G. Galilei, イタリア）の名にちなんでガル（gal）が用いられる．

地球表面での重力加速度 g は平均的に 980 gal である．自転による遠心力のため，赤道上で約 978 gal，極で約 983 gal と，緯度の違いによって最大約 0.5%（5 gal）変化している（表 1.2 参照）．わが国では，日本重力基準網 2016（JGSN2016, 国土地理院）が 40 年

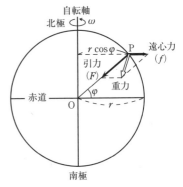

図 1.8 引力，遠心力および重力の関係（遠心力を誇張して示している）

ぶりに更新され，高精度の重力実測値（g）が提供されている（理科年表，2018）.

(2) 重力補正と重力異常：　ある場所で測定された重力加速度は，測定点の高度，周囲の岩石による引力，および地形に影響される．同一地点での標準重力と比較するためには，ジオイド上での値として，これらを補正する必要がある．

補正した結果と標準重力との差を重力異常という．重力異常には，高度補正だけをおこなったフリーエア異常と，すべての補正をおこなったブーゲー異常とがある．ブーゲー異常は地下の質量の過不足を反映しており，地下構造の検討に有用である．

b．地磁気　地球が 1 つの大きな磁石になっていることは，古くから知られていた．地球の周りには磁場が存在し，その磁場を地磁気という．磁気コンパスの磁針が南北を指すのはこのためである．

(1) 双極子磁場：　地球表面で観測される磁場は，地球の中心に棒磁石を置いたときの磁場とよく似ている．このような磁場を双極子磁場といい，図 1.9 のような対称性のよい規則的な磁力線で表すことができる．つまり，地球の北極側に S 極が，南極側に N 極があるとみなしてよい．しかし，地磁気の極（地磁気極）は自転軸に対して約 10° 傾いている．また，磁石の針が鉛直（伏角が 90°±）になる地点を磁極といい，地磁気極とは一致せず，少し（10°±）ずれている．磁力線は地球の周囲をかこむ磁気圏（図 1.13 参照）をつくり，生物にとって有害な宇宙線（高エネルギーの放射線）の突入を防ぐ重要な役割をはたしている．

ある地点における磁場の向きと大きさは，偏角，伏角および全磁力で表される．これを地磁気の 3 要素という（図 1.10）．全磁力は磁場ベクトルの大きさで

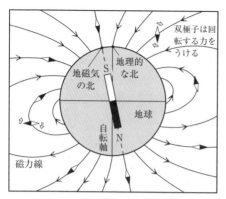

図1.9 地球の双極子磁場
地球の中心に棒磁石を置いた状態に近い.

あり，水平分力と鉛直分力に分けられる．伏角は全磁力と水平分力とのなす角度で，偏角は水平分力と子午線（経線）とのなす角度である．

(2) **地球ダイナモ**： 地磁気が棒磁石のような永久磁石であれば，その磁場は常に一定であり，変動することはない．しかし，地球磁場は最近数百年の観測でも，常に変化している．また，永久磁石はキュリー温度（鉄で約770℃）以上の高温になると，磁性を失う性質がある．地球内部は数千℃に達しているので，地球内部が永久磁石であるとは考えられない．このような理由から，地磁気の原因は永久磁石ではなく，ダイナモ機構による電磁石と考えられるようになった．

ダイナモとは発電機のことで，中心核のなかで発電機に似たメカニズムで電流が流れ，その電流によって地球磁場が発生するという考え方である．発電機の役割をするのが核内の流体運動である．核内に電流が発生し，自転軸の周りを東から西へ流れると，北側がS極で南側がN極の図1.9のような双極子磁場を生みだす．電流が逆に西から東へ流れると，北側はN極に南側はS極に変わる．実際に電流の向きは，数万～数十万年間でも反転するらしい．

(3) **古地磁気と地球磁場の逆転**： 地球の磁場はその時代の１つの場であって，時間とともに変動する場合には，もとの磁場は消失して新たな磁場に変化する．しかし，過去の地球磁場の状態を"化石"化して残しているものがある．それは岩石に含まれる磁性鉱物のもつ永久磁石である．これを古地磁気という．

火山岩をつくるマグマが地表や海底に噴出したときは，高温（約1000℃）の液体であって，キュリー温度より高い状態にある．これが冷却固結する過程で，キュリー温度を通過してゆくが，そのときに地球磁場の方向に磁性鉱物（磁鉄鉱，赤鉄鉱など）が磁化されて永久磁石とな

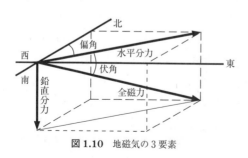

図1.10 地磁気の３要素

り，その方向が"化石"化して保存される．これを熱残留磁気という．堆積岩ができる過程では，砂粒中の永久磁化した磁性鉱物が，地球磁場の方向にそろうように回転しながら水中を落下して堆積・固結するので，堆積残留磁気を生じる．また，堆積岩が固結する過程（続成作用：3.5.a 項参照）でも，堆積物の粒子間に赤鉄鉱のような磁性鉱物がその当時の地球磁場に平行に晶出して残留磁気を生ずることがあり，化学残留磁気とよばれている．このようにして固定された残留磁気は，極めて安定なもので，その後に地球磁場が変動しても，もとの状態を保っている．

こうして岩石に残された磁気（古地磁気）を調べることによって，過去の地球磁場を知ることができる．その結果，地球磁場は磁極が大きく移動（図4.4参照）していただけでなく，磁極がたびたび逆転していたことも判明している（4.1.b 項参照）．磁場の逆転の歴史は約 1.7 億年前までわかっているが，図 1.11 には過去 500 万年間の様子を示す．

1.4 地球のエネルギー

a. 太陽放射のエネルギー 太陽が放射するエネルギーは，電磁波として宇宙空間を伝わり，地球に達する．この電磁波は波長の短い方からX線（0.01～1 nm），紫外線（1 nm～0.38 μm），可視光線（0.38～0.77 μm）および赤外線（0.77 μm～1 mm）に分けられるが，その約半分は可視光線である．大気の上端で太陽に垂直な 1 m^2 の面が 1 秒間にうける太陽放射のエネルギーは，太陽定数とよばれ，1.368×10^3 W/m^2（±0.1%）である．地球の断面積が 1.275×10^{14} m^2 であるから，地球に注がれる太陽エネルギーの総量は，それらの積として 1.744×10^{17} W と計算される．これを地球の全表面に配分すると，342 W/m^2（≒ 1.744×10^{17} W ÷ 5.101×10^{14} m^2）となる．

(1) 太陽エネルギーの配分： 大気上端での太陽放射 342 W/m^2 を 100% として，地球-大

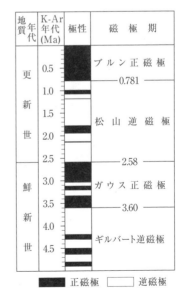

図 1.11 地球磁場の逆転史（理科年表，2018 から編図）
Ma = 10^6 年（百万年前）．

気系での平均的なエネルギー収支を図1.12に示す．太陽放射の31%は雲と大気による反射・散乱（22%），および地表（海面を含む）などによる反射（9%）によってすぐに宇宙空間に逃げ，残りの69%が熱源として地球-大気系に吸収される．このうち，大気中で20%が吸収され，残りの49%が地表に到達する．地表に到達した太陽放射の30%が大気を暖めたり水蒸気の蒸発に使われる．残りの19%は地表から赤外線として放射されるが，このうちの7%は大気中の二酸化炭素や水蒸気によって吸収され，大気の活動に使われる．結局，太陽エネルギーの57%（195 W/m²）が大気，海洋，大地表層，そして生物の活動のもとになっている．

(2) 放射収支： 地球-大気系が吸収した太陽エネルギー（57%：195 W/m²）は，大気，海洋，大地表層，そして生物の活動に使われたものも，最終的には赤外線として宇宙空間に放射されている（図1.12）．地球-大気系では，入射する太陽エネルギーと赤外線として放射されるエネルギーとの間には，収支バランスが保たれている．このことは太陽エネルギーがほとんど地球内部に入り込まないで，地球内部のエネルギー源とはなっていないことを示している．その理由は岩石が熱を伝えにくい（熱伝導率が低い）からである．また，このようなエネルギー収支が保たれているために，地球全体は暖まりもせず冷えもしないで，地上気温が平均約15℃に保たれているのである．

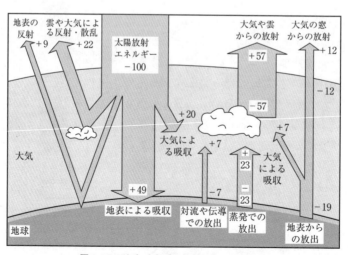

図1.12 地球-大気系の放射エネルギー収支
太陽放射エネルギーを100とし，吸収を+，放出を-で示している．

b. 地球内部のエネルギー　地表の温度は太陽エネルギーの影響をうけて，たえず変化している．しかし，地下 20 m 付近になると年間をつうじて一定温度（中国地方では 17 ℃）となり，この部分を恒温層という．恒温層より深くなると，深さとともに温度は上昇する．その上昇率を地下増温率（または地温勾配）といい，地下 30 km くらいまでは地球平均で 3 ℃/100 m である．

(1) 地殻熱流量：　一般に温度に勾配があれば，熱は高温側から低温側に流れる．したがって地温勾配があると，熱は地球内部から熱伝導によって地表にたえず流れ出ることになる．地表に流れ出る熱量を単位面積・単位時間で示したものを地殻熱流量という．それは地下増温率と岩石の熱伝導率の積として求められ，単位 mW/m^2 が使われている．現在の地殻熱流量の平均は，大陸地殻が 65 mW/m^2，海洋地殻が 101 mW/m^2，地球全体が 87 mW/m^2 とされている．

地殻熱流量の地球全体の平均値に地球の全面積を掛けると，地球内部からの総熱流量として $4.4×10^{13}$ W（≒ 87 mW/m^2×5.101×10^{14} m^2）がえられる．地球内部で活動がおこれば，いずれは熱として地表に流れ出るので，この総熱流量は地球内部での活動に使われるエネルギーの最大値を与えることになる．しかし，その値 $4.4×10^{13}$ W は太陽放射エネルギーの約 1/4000 にすぎない．数値的には小さなこの地球内部からのエネルギーではあるが，地球内部での諸活動に使われ，地球を成長・発展させてきたし，また今後の地球活動のエネルギー源ともなる．たとえば，ヒマラヤ山脈を上昇させたり，日本列島をつくったり，また今後も大陸を移動させるであろう．このような現象がおこりうることは，1.2.b 項で強調したように，地球のもつ空間的な大きさ，何億年・何千万年という時間的な大きさ，それらの結果としての変化の大きさなどによっているのである．ただし，地球内部エネルギーは有限であるため，時代とともに少しずつ減少している．

(2) 地球内部エネルギーの源：　地球内部のエネルギーには，地球ができたときに発生した熱と，地球内部に含まれる放射性元素が崩壊するときに発生する熱との 2 つがある．

地球形成時には，地球のもとになった微惑星のもつ位置エネルギーや運動エネルギーが衝突のさいに熱に変換され，さらにマントルと核との分化による発熱，圧縮による発熱，寿命の短い放射性元素の崩壊による発熱などのために，地球全体は極めて高温になっていた．その後，地球は表面から冷えてきたが，岩石の熱伝導率が低いため 46 億年たった今日でも，地球の中心に近いほど高温状態が保たれているのである．

表 1.4 岩石中の放射性元素の含有量（岩森，2013による）

岩石の種類	岩石 1 g 中の含有量 (10^{-6} g)		
	U	Th	K
花崗岩	4.6	18	33000
ソレアイト玄武岩	0.11	0.4	1500
かんらん岩	0.006	0.02	100
炭素質隕石	0.020	0.07	400

2つめは，寿命の長い放射性元素の崩壊による熱の発生である．地殻とマントルを構成する岩石には，微量ではあるが ^{238}U，^{232}Th，^{40}K などの放射性元素が含まれている（表 1.4）．これらは大陸地殻をつくる花崗岩に最も多いのに対して，海洋地殻をつくる玄武岩には少なく，マントルのかんらん岩ではさらに少ない．このような放射性元素の含有量や分布から考えると，大陸地殻では海洋地殻よりも発熱量（地殻熱流量）が大きいはずである．しかしすでに記したように，海洋地殻での地殻熱流量は大陸地殻の約 1.5 倍と大きい．これは大陸においては熱伝導による熱だけが放出されているが，大洋底ではそれに加えて対流（マントル対流）も熱を運んでいるためと考えられる．

c. 地球システム　これまで概観してきたように，地球は誕生後も常に活動をくり返し，その構造や状態をより安定なものへと変え，現在に至っている．現在の地球は，物質的に均質であった原始惑星から異質な物質が次々に分化し，その重さ（密度）の順に層状の構造をつくり，かつそれらの間を物質が循環している惑星であるといえる．このような地球活動の原動力は，上にのべた地球内部エネルギーと太陽放射エネルギーとによっている．物質が循環するのは，地球内部あるいは地表に供給されたこれらの熱を宇宙空間に放出するためである．したがって，地球は1つの大きなシステムにたとえられる（図 1.13）．

地球システムを構成する要素（サブシステム）は，均質な火の玉であった原始惑星から分化したそれぞれの物質圏である．図 1.13 には，現在の地球を構成する 11 の物質圏が模式的に示されている．サブシステムはさらに大きく，宇宙空間との境界領域をなす磁気圏，気圏（大気）と水圏（海洋など）からなる流体圏，地殻・マントル・核からなる固体地球圏，生物の営みによる生物圏，そして人類の活動による人間圏の5つに区分されることもある（図 1.13）．本章の最後として，人間圏について考えてみよう．

前述したように，人類の祖先は類人猿から分化した初期猿人が約 700 万年前に出現し，猿人，原人，旧人，そして約 20 万年前の新人（現代人）へと段階的に進化してきた（馬場，2018，5.4.c 項参照）．人類史の 99.8％ は，他の動物と変わらない狩猟採集の生活様式であった．しかし，約 12000 年前の農耕牧畜の開始に

1.4 地球のエネルギー

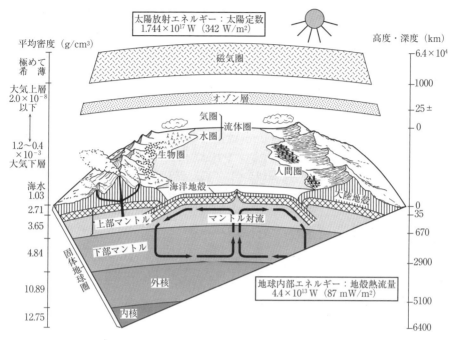

図 1.13 地球システム，その物質圏（マントル対流は除く）とエネルギー源　表層部を拡大し，上層部と中心部を縮小している．

よって，その生活様式は大きな変換をとげ，人間としての文化をもち始めたと考えられる．この変換は地球システムのエネルギーの流れとそれに伴う物質循環という視点からみると，極めて本質的な変化を意味する．

その後さらに人間は，約5000年前に古代文明を開花させ，約200年前の産業革命を経て，現在の高度な技術文明を築きあげてきた．この間に人間活動によるエネルギーの流れと物質循環は，加速度的に肥大化してきた．このような意味で，現代は生物圏から人間圏が新たなサブシステムとして分化した時代とみなすことができる（図1.13）．人間圏の肥大化は地球システムに大きな変化をもたらしている．これが最近の地球環境問題である（6.6, 6.7節参照）．

地球システムのなかで，人間圏以外の他のサブシステムが安定に存在していることは，地球史がすでに証明している．しかし，人間圏はまだ始まったばかりであり，そのテストをパスしていない．現在，私たちがなすべきことは，地球システムのなかで人間圏が安定に存続しうる方策を模索することである．人間圏をより長く安定に存続させるために，地球科学をいま学び始めることが必要である．

2. 地球の構造

　近年，地球科学の目覚ましい進歩によって，直接目では見ることのできない地球内部の姿が，しだいに明らかになってきた．本章では，まず，地球表面を大きく区分する大陸地域と海洋地域の特徴について概観する．次に，地球の表面から中心に至る地球内部の諸性質と構造について紹介し，地球の表層部と内部でくり広げられるダイナミックな動きとそれらの関係について解説する．海洋をもち，水惑星とよばれる極めて恵まれた環境のなかに生かされている私たちは，その環境をつくっている地球科学的な背景について深く理解しておきたい．

2.1　地球表面の姿

a. 大陸と海洋　地球の表面積の71%は海洋で，大陸は残りの29%である．最も深い海はマリアナ海溝（チャレンジャー海淵_{かいえん}）の10920 m，最も高い山はエベレスト（チョモランマ）山の8848 mである（表1.2参照）．海水面を基準として，どのような標高の大陸地域が多いのか，またどのくらいの水深の海洋地域が多いのかをみてみよう．図2.1 (a) が示すように，地球の表面積に対する割合では，2つの高まりがみられる．高い方の平均値は約840 mの陸地，もう一方は深さ3729 mの海底である．このように地球表層の凹凸は，単純なものではない．

　次に，全地球表面積に対して，海水面よりも高いあるいは深い地域が，どのくらいの割合で広がっているかを累積してみよう（図2.1 (b))．大陸には2000 m以下の起伏が小さく平坦な地域（大陸平原）が広く存在している．海洋には4000 mより深いところに平坦な大洋底（深海平原）が広がっている．このように大陸と海洋には，それぞれ1つずつ平坦な面がある．大陸平原から海水面を通って，なだらかにつながる浅海地域（0～-200 m）を大陸棚という．この部分は氷期のような海水面が下降するときには，大陸の一部として現れる．大陸棚と大洋底をつなぐ斜面は，大陸斜面とよばれる．

b. 大陸地域の地形　大陸の大地形で特徴的なのは，大陸平原とそこからそびえる大山脈であり，島弧や大地溝帯などもあげられる（図2.2）．

(1) **大陸平原**：地球上の大きな大陸には，比較的平坦な平原がみられる．

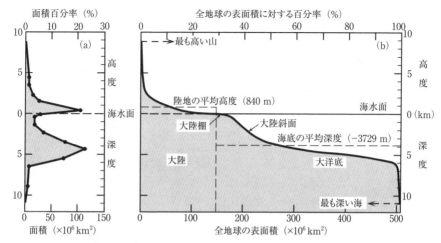

図 2.1 地球表面の高度と深度の分布（Wyllie, 1971 による）
(a) と (b) については本文参照．

この大陸平原の基盤を構成する岩石は，先カンブリア時代（5.41億年前以前）に大きな変動をうけて形成されたもの（太古代と原生代の造山帯）で，古生代（5.41億年前）以降は変動をうけずに安定している．このような地域を安定大陸またはクラトンとよぶ（図2.2）．地球上で最も古い生成年代を示す岩石（たとえば，カナダ北部，グリーンランド，オーストラリア，中国北部および南極大陸の40〜35億年前の変成岩）は，いずれも安定大陸に産する．

(2) **大山脈**： ヒマラヤやアルプス山脈のように，大陸内部に4000 mをこえる大山脈がみられる．これらは中生代（2.52億年前）以降に大規模な変成作用や火成作用ならびに構造運動，すなわち造山運動（4.5節参照）をうけたところで，長く連なる褶曲山脈をなす．また，ロッキーやアンデス山脈のように，大陸の縁にそって，弧を描いて連なっている大山脈もある．これらは陸弧とよばれ，地震や火山などの活動が激しいところでもある．上記のような大山脈は，ふつう長さ数千 km，幅数百 kmもある長大なものであり，造山帯とよばれる．

(3) **大地溝帯**： 大陸のなかにみられる細長く連続する凹みで，両側は切り立った崖となっている．これは引っ張りの力が働くような場で，正断層をおこして大陸が割れているところである．東アフリカの大地溝帯は現在活動している典型的なものである（図2.2）．そのほかにも，西南極大陸，ユーラシア大陸，北アメリカ大陸，アラビア半島西縁部などにも存在する．

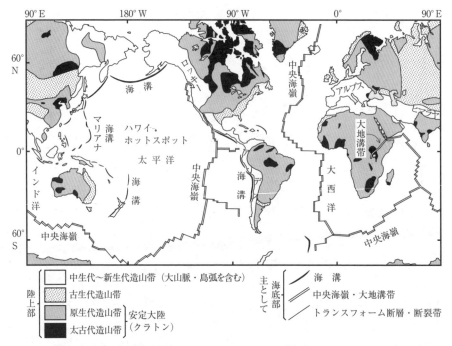

図 2.2 地球の大地形区分（Maruyama et al., 1996, 理科年表, 2001 などから編図）

(4) 島 弧： 日本列島のように，海洋の縁に弧を描いて連なる島の列からなり，弧状列島ともいう．ここは陸弧と同じように，造山運動によって形成され，地震や火山などの活動が激しいところである．島弧はとくに太平洋の周り（環太平洋地域）に多いのが特徴である（図 2.2）．

c. 海洋地域の特徴　第二次世界大戦以前には，海底は大陸の延長とみなされ，また調査が困難なこともあって，ほとんど研究がなされていなかった．しかし大戦中には，アメリカ海軍が軍事目的から，海底の調査を積極的におこなった．その結果，海底は大陸とは異なる地形や構造をなしていることが判明し，その後の海底研究が促進され，地球科学を飛躍的に進展させた（4.1.c 項参照）．

(1) 海底を探る： 海洋の調査において，第二次世界大戦までは，音響測深器による海底地形の調査，海上磁力計による地磁気調査など，海上の船舶からの調査が主流であった．近年，深海探査船の開発によって，海底およびその地下のさまざまな情報がえられるようになってきた．

現在，日本で実施中の「国際深海科学掘削計画（IODP）」は，地球内部を直接

観察することによって，地球や生命の謎の解明に向けて調査研究する国際的なプロジェクトであり，海底下 7000 m までの掘削能力をもつ地球深部探査船「ちきゅう」(2005 年竣工) が用いられている．「ちきゅう」は，和歌山県新宮市沖熊野灘で海底下 (水深 1939 m) から 3262.5 m を掘削し，海洋科学掘削の世界記録を更新している (2018 年 12 月)．さらに，地球内部のマントル (2.2.b 項参照) に達する深さまで掘り進めることが可能と考えられている．

海底掘削と地震波速度 (2.2.b 項参照) の観測などを組み合わせて，海底の構造がしだいに明らかになってきた．図 2.3 には海底の地形を模式的に示している．

(2) 中央海嶺： 大西洋の中央部や太平洋の東縁部には，急傾斜の斜面で両側を画された細長い凸地形が存在する (図 2.2, 2.3)．これは中央海嶺とよばれ，比高 2000～4000 m の海底山脈であるが，陸上の大山脈とは異なって，何万 km にわたって連続し，地球を一周している．中央海嶺においては，しばしば海嶺の軸に直交した断裂帯やトランスフォーム断層 (2.5.c 項参照) が認められる．

(3) 海山や火山島： 深海底において，平均深度 3729 m の大洋底から，比高 1000 m 以上の独立峰としてそびえる高まりを海山という (図 2.3)．この多くは現在のハワイ諸島のような海洋に生じた火山島が海面下に沈んだものと考えられている．また，頂部が比較的平坦で，広さが 100 km^2 以上で，比高 200 m 以上あるものを海台という (図 2.3)．

(4) 海 溝： 環太平洋地域の島弧や陸弧の海洋側には，海溝とよばれる細長い凹地形が発達している (図 2.2)．周囲の海底よりも 2000 m 以上も深く，平均の水深は 6000 m 以上であり，10000 m をこえることもある (図 2.3)．平均の幅は最大 120 km 程度であるが，長さは短いものでも 400 km，長いものでは 4500 km に達するものがある．なお，海溝のうち比較的幅が広く，船底のように

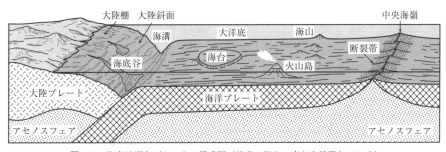

図 2.3 海底地形とプレートの模式図 (地表の深さ・高さを誇張している)

両側斜面の傾斜が緩いものをトラフという．南海トラフのように，海溝が堆積物で埋められて浅くなったものもある．

(5) **縁　海**：　大陸の外縁にあって，島や半島で区画された狭い海の部分をいう．日本海のように，日本列島のような島弧と大陸との間にある縁海を背弧海盆ともいう．大陸の縁辺部の一部が分離して，海洋となった場合が多い．

2.2　地球内部の姿

a. 地球内部を探る　　地球内部の様子を探るには，自然に産する地球内部の物質を用いて検討する直接的な手法と，他の手段を用いた間接的な手法とがある．

(1) **直接的な手法**：　地球内部の物質を直接手にする手段は，科学技術の進んだ現在でも2つしかない．1つは鉱山で採取した試料やボーリング試料である．人間が到達した最も深い坑道（穴）は，南アフリカのムポネンという金鉱山の地下4000 m である．また1.2節でもふれたように，超深度ボーリングでは学術掘削ということで，旧ソ連のコラ半島で掘られた12261 m が最深記録である．それでも地球の半径に比べたら，0.2％にも満たない．もう1つの手段は火山岩のなかにとり込まれた異質物質（捕獲岩）である．これは地下でマグマが発生したさい，その周囲にあった岩石あるいは地表まで移動する途中にあった岩石の一部が，運ばれてきたものである．典型的な例はダイヤモンドを含むキンバーライトという岩石である．これは地下100 km 以深の情報をもった，いわば天然のボーリング試料である．このように，直接手にとることができる地球内部試料は，極めて限られているのである．

(2) **間接的な手法**：　地球内部試料以外に，たとえば隕石（いんせき）など地球外天体に由来する物質や，実験室において高温高圧条件下で合成された物質などの解析も地球内部の構造を間接的に推定する手段として用いられている．さらに有効な手段は，地震波である．地震波の伝わり方や速度のデータがえられれば，地球内部の構造や状態について，極めて重要な情報をえることができる（2.2.b 項参照）．

b. 地球内部の構造

(1) **地震波の性質**：　地震がおきると，地震波は地球の内部を伝わって地表に届くので，地球内部を観測することができる．地震がおきた地下の場所を震源，その真上の地表の位置を震央という（図4.20参照）．地震を感じたときのことを思いだしてみよう．最初に小さくカタカタと揺れ，続いて大きくユサユサと揺れ

2.2 地球内部の姿   23

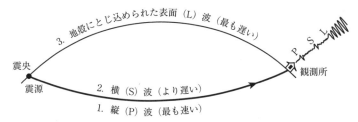

図 2.4 地震波の種類とその伝わり方（Holmes, 1965 による）
地震波には，P 波と S 波からなる実体波のほかに，L 波（レーリー波とラブ波）
からなる表面波もある．図にはラブ波は現れていない．

るのが普通である．図 2.4 に示すように，最初に届く波は P（primary）波といわれ，進行方向に平行に振動する縦波（疎密波）である．あとから届く波は S（secondary）波とよばれ，進行方向に直角に振動する横波（ねじれ波）である．

P 波の速度は $V_P=\sqrt{(\kappa+4\mu/3)/\rho}$，S 波の速度は $V_S=\sqrt{\mu/\rho}$ で与えられる．κ は体積弾性率，μ は剛性率，ρ は密度を示す物理定数である．これらの式に地表付近の岩石の物理定数をあてはめて地震波速度を見積もると，P 波は 5～7 km/s，S 波は 2～4 km/s となる．P 波は固体中と液体中の両方とも伝わるのに対して，S 波は固体中を伝わるが，液体中は伝わらない．このことは液体の剛性率 μ が 0 なので，上に示した V_S の式にあてはめて考えれば理解できる．

(2) モホ面の発見と地殻：　クロアチア（旧ユーゴスラビア）の地震学者モホロヴィチッチ（A. Mohorovičić）は，ザグレブ地方で発生した地震（1909 年）について P 波の走時曲線を描いた．走時曲線は図 2.5 に示すように，震央から観測点までの距離を横軸に，地震波が到達する時間を縦軸にとったグラフである．その結果，震央から 300 km 以上離れた観測点には，伝播速度の異なる 2 種類の波が到達することをみつけた．図の右半分に示す傾きが緩い波，すなわち速度の大きな波（7.8 km/s）は地下の深いところを通ってきた屈折波で，震源からまっすぐに伝わる速度の小さい直接波（5.6～5.7 km/s）よりも先に到達すると考えた．地震波というのは，より硬くて緻密な岩石中では，より速く伝わるという性質があるので，このような P 波

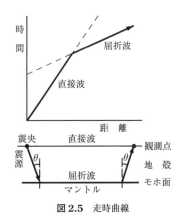

図 2.5 走時曲線

の屈折がおきるところで，岩石の性質（密度）が変わると考えられる．その後，世界各地で同じような観測結果がえられ，この境界面の存在が確定し，モホロヴィチッチ不連続面（略してモホ面）とよばれるようになった．

モホ面より浅い部分を地殻（crust），深い部分をマントル（mantle）という．2.3節で詳述するが，地殻の厚さは場所によって異なり5〜60kmくらいである．この値は地球半径の1％にも満たず，極めて薄い層である．英語のcrustには，パンの硬い皮という意味がある．モホ面でのP波速度は，地殻下底部の6.5〜7.2km/sからマントル最上部の7.8〜8.2km/sへ，不連続的に変化している．これはモホ面を境として，岩石の密度が2.8〜3.0 g/cm^{3}から3.3 g/cm^{3}に変わっていることを示している．

このように，地震波の伝わる速度が地下で大きく変わる場合，そこには物質あるいは物質の状態が変わる不連続面が存在すると考えられる．

(3) 地球の成層構造： これまでに明らかにされた地球内部の地震波の速度分布を図2.6に示す．図からわかるようにP波もS波も，いくつかの急変点すなわち不連続面の存在を示しながら，深部に向かって速度が増加している．

地表から内部に向かってみていくと，まず上にのべたモホ面において，P波とS波はともに速度が急増する．次に目につくのは，深さ約2900kmにみられる不

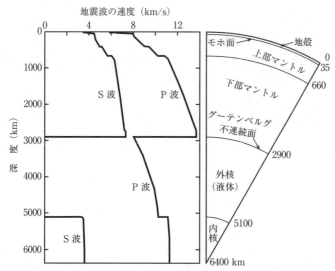

図2.6 地球内部の地震波速度分布（末広，1996）と地球の成層構造 グーテンベルグ不連続面を核-マントル境界（略してCMB）という．

連続面である．これは1913年にドイツの地震学者グーテンベルグ（B. Gutenberg）によって発見されたもので，P波が急激に減少し，S波が伝わらなくなる．S波が伝わらないことは，前記のV_sの式において，μ（剛性率）が0，すなわち物質の状態が液体であることを示している．これより上部はマントル，下部は核（core）とよばれ，その境界面をグーテンベルグ不連続面（または，核-マントル境界，略してCMB）という．

マントル内をみると，深さ410 kmと660 kmの付近でP波とS波の速度がともに微増している．このうちの約660 kmを境として上部マントルと下部マントルに分けられる．また，図2.6にはよく示されていないが，深さ70～250 kmあたりで地震波の速度が遅くなるところがあり，低速度層とよばれている．これらについては，2.4.a項で詳述する．

さらに核内をみると，5100 km付近でP波速度が増加することから，1939年に核の中心部に大きな球状体の存在することが確認された．こうして，液体としての外核と，固体としての内核とに区分されるようになった．また1981年には，S波が内核に再び現れることも確認された．

このようにして，地球内部は顕著な不連続面を境として，構成物質の異なる地殻，マントル（上部，下部）および核（外核＝液体，内核＝固体）からなる成層構造をしていることが明らかにされてきた（図2.6）．これらの構成物質を概観すると，地殻とマントルは岩石から，核は金属鉄からなる（2.4節参照）．

c. 地球内部の諸量の分布

地震波の解析から，地球内部での速度分布が図2.6のように求められると，その結果と地球の平均密度，表面密度，慣性能率などのデータを考えあわせることによって，密度分布が推定される．密度分布がわかると，あとは芋づ

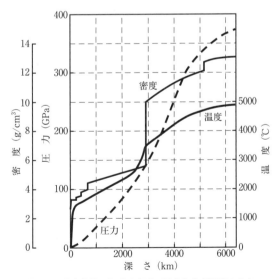

図2.7 地球内部における密度，圧力および温度の分布
（田近，1996と浜野，1996から編図）

る式に体積弾性率，剛性率，圧力，重力などの分布が求められる．これに対して，地球内部の温度は，地球内部の熱源や熱輸送の性質などに基づいて，推定されている．しかし，温度の推定はむずかしく，現在でも不確定要素が含まれている．

ここでは，地球内部における密度，圧力および温度の分布をまとめて，図2.7に示す．温度と圧力は深さが増すとともに滑らかな曲線状に増加してゆく．一方，密度はたとえば約2900kmのマントルと核の境界のように，不連続的に増加しているのが特徴である．地球中心部では，温度は5000℃，圧力は380 GPa，密度は13 g/cm³に達する．なお，温度は5500℃，圧力は364 GPaという説もある．

2.3 地殻の構成と構造

同じ地殻といっても，地域によって地震波（P波）速度の深度による変化が，図2.8のように大きく異なっている．その共通点や相違点などに基づいて，地殻は大陸地殻と海洋地殻に大別することができる．

a. 大陸地殻の特徴と構造　大陸地殻のなかでも安定大陸，大山脈，大地溝帯，島弧などで，P波速度（図2.8）の分布は少しずつ異なっているが，基本的には似たような層状構造をなしている．すなわち，最上部には2～4km/sを示す最も遅い層があり，比較的薄い堆積物主体の新しい被覆層からなる．その下部に平均6.0 km/s前後の層，さらにその下部に平均6.8 km/s前後の層が存在する．前者は花崗岩質岩石と変成岩とが混在し，上部地殻とよばれる．後者は玄武岩質岩石と変成岩からなると考えられ，下部地殻ということが多い．しかし，下部地殻についてはまだ全貌がわかっていない．なお，最下部に位置する7.8～8.1 km/sの速い層は，かんらん岩からなるマントルを示している．

(1) 安定大陸：　安定大陸をつくる先カンブリア時代の大陸地殻の厚さは，平均41.5 kmであり，形成年代とは無関係にほぼ一定であると考えられてきた．ところが，最近のP波速度の研究では，同じ安定大陸でも25億年以前の太古代のものと，それより新しい原生代のものとでは，地殻の厚さが異なるという考えが示されている．それによると，原生代の大陸地殻の厚さは平均45 kmであるのに対して，太古代のそれは平均35 kmであるという．

(2) 大山脈：　大山脈の地殻構造を安定大陸と比べてみると，堆積物の厚さがやや厚いが，上部地殻および下部地殻の厚さは，基本的に大きな相違はない（図2.8）．しかし，大山脈は中生代以降に激しい造山運動によって，地殻が成長・肥大したところであり，地殻の厚さが60 km以上におよぶところもある．

2.3 地殻の構成と構造

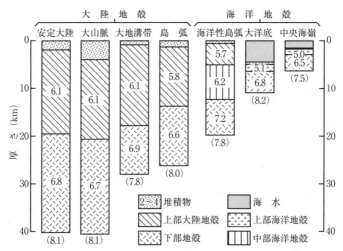

図 2.8 地震波速度に基づく地殻の構造（平，2001 を一部改変）
数字は P 波速度の平均値 (km/s) を，カッコ内はマントルの P 波速度を示す．

(3) 大地溝帯： 図2.8 をみると，大陸においては安定大陸や大山脈に比べて地殻は明らかに薄く，とくに下部地殻の厚さは 10 km 以下である．このことは大地溝帯において，マントルから熱いマグマが噴き出していることと関連している．2.5.c 項でのべるように，大地溝帯は中央海嶺の延長部とみなされている．

(4) 島 弧： 日本列島の地下は大陸地殻からなり，ユーラシア大陸を構成する安定大陸の東縁部にできた造山帯であり，弧状の火山列によって特徴づけられる．大陸性島弧ということもある．図2.8 によって地下構造をみると，5.8 km/s とやや遅い層からなる上部地殻と，6.6 km/s の層からなる下部地殻とから構成されている．地殻の厚さは 30 km に満たず，上部地殻と下部地殻はともに 15 km 以下である．安定大陸や大山脈の地殻に比べてかなり薄い．

b．海洋地殻の特徴と構造　　図2.8 によって海洋地殻の構造をみると，大陸地殻とは大いに異なり，海洋地殻の厚さが圧倒的に薄いことがわかる．海洋地殻の下の 7.5～8.2 km/s を示す速い層は，マントルを示している．

(1) 中央海嶺： 中央海嶺では，深さ 2000 m ほどの海水の下に P 波速度が平均 5.0 km/s の上部地殻があり，その下位に平均 6.5 km/s の下部地殻が位置している．地殻の厚さは 5 km にしかすぎない．

(2) 大洋底： 通常の大洋底をみると，4000 m ほどの海水の下に薄い堆積層，その下位に平均 5.1 km/s の上部地殻が，さらにその下位に平均 6.8 km/s の下部

地殻が位置している．地殻の厚さは6〜7km程度である．海洋地殻を構成するものは大陸地殻の場合と違って，上部地殻も下部地殻も玄武岩質岩石であると考えられている．

図2.9において，大洋底の地殻構造をさらに詳しくみると，表層には400m程度の薄い第1層があり，その下部に第2層（厚さ1〜3km）がくる．海底掘削調査の結果，第1層は深海性堆積物，第2層は玄武岩質岩石であることが判明している．玄武岩質岩石は枕状溶岩主体の上部と，立て板状の平行な輝緑岩岩脈群からなる下部とに区分される．これらの下位には第3層（厚さ4〜6km）があり，上部は斑れい岩，下部は層状斑れい岩からなると考えられる．第3層の下位には第4層が位置し，マグマ溜りで沈積したと考えられる層状かんらん岩とマントルかんらん岩からなる．両者は地震学的には区別がつかない．したがって，地震学的なモホ面は第3層の最下部に，岩石学的なモホ面は層状かんらん岩の最下部にそれぞれ設定される（図2.9）．

(3) **海山と火山島**： ハワイ諸島は深さ5000m前後の大洋底からそそりたつ海山と火山島の集まりである（図2.2, 2.3参照）．現在も活動しているマウナロア火山（海抜4170m）のあるハワイ島は，海底からの高さが9000m以上，海底での基底の直径が200kmという巨大な火山島である（図2.10）．ハワイ島の地

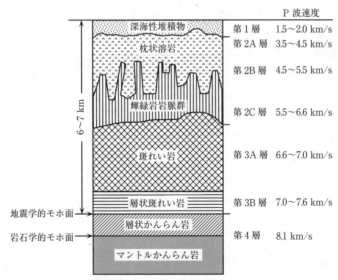

図2.9 地震波速度に基づく大洋底の地殻構造（末広・廣井，1997を一部改変）

図 2.10 ハワイ島と富士山の地形断面

下における地殻の厚さは約 15 km と見積もられている.

ハワイ諸島の 130 からなる海山や火山島は，西北西に向かってほぼ直線状に並ぶ．ミッドウェー島の北西側には雄略海山に始まる天皇海山列が北北西に向かって，やはり一列に並ぶ（図 4.10 参照）．詳しくは 4.1.c 項や 4.3.e 項でふれるが，これらは海底の下位の定点からマグマが上昇して形成された結果である．そのような定点はホットスポット（hot spot）とよばれ，太平洋，大西洋，インド洋などにもみられ，海洋地殻の上に新しい火山を次々と形成させている．このように海底のなかでも，現在活動している火山の存在する海山や火山島の地下は，マントルからの熱い物質が上昇してくるという特殊な構造をもっている．

(4) 海洋性島弧: 火山弧は日本列島のように大陸地殻の上に形成される場合が多いが，海洋地殻の上にも形成されることがある．このような場合を海洋性島弧といい，その好例が伊豆-小笠原-マリアナ弧である（図 5.21 参照）．地殻構造をみると（図 2.8），厚さは 20 km 程度であり，平均 5.7 km/s の層が上部地殻を構成する．その下位に平均 6.2 km/s の層からなる中部地殻，さらに最下部に平均 7.2 km/s の層からなる下部地殻が位置する．本州をつくるような大陸性島弧と異なる点は，中部地殻（花崗岩質岩石）が存在することである．このような中部地殻の存在は，海洋地殻から大陸地殻への発達過程を示していると考えられる．

2.4 マントルと核の構成と構造

a. マントル マントルは地球の体積の 83%，質量では 67% を占め，地球内部を構成する重要な部分である（図 2.11）．マントルがモホ面から深さ約 660（650〜700）km までを上部マントル，それ以深を下部マントルに区分されることはすでに記した（図 2.6 参照）．ここでは地下 900 km までのマントルを構成する要素を，地

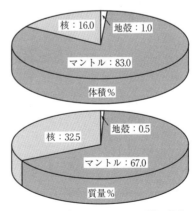

図 2.11 地殻，マントルおよび核の体積比と質量比

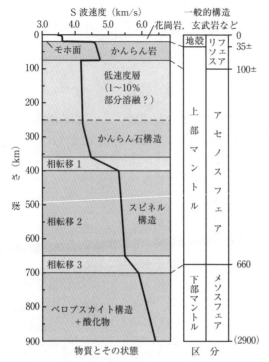

図 2.12 地殻とマントルの S 波速度分布と内部構造 (Press and Siever, 1982 を改変)

震波（S 波）速度をもとに概観しよう（図 2.12）.

(1) 上部マントル: 地殻からモホ面をこえてマントルに入ると，S 波速度は急増する．しかし，70 km 以深でいったん速度は減少し，250 km 以深では再び増加する．この部分を低速度層といい，部分的に溶けていると考えられている．上部マントルのうち，地下 360 km まではかんらん岩（かんらん石 60～80 %，直方（斜方）輝石 5～30 %，単斜輝石 5～20 %，ざくろ石またはスピネルを少量含み，密度 3.3 g/cm^3±）からなり，長石と石英が 80 % 以上を占める地殻の岩石とは構成鉱物が異なり，より密度が大きい．

一方，深さ 360～700 km では，S 波速度が段階的に増加している．これはかんらん石の複雑な相転移（かんらん石構造→（相転移 1）→変型スピネル構造→（相転移 2）→スピネル構造→（相転移 3）→ペロブスカイト構造＋酸化物）によることが，高温高圧合成実験の結果から指摘されている．このうち深さ 410～660 km をマントル遷移層とよぶこともある．相転移とは，ある範囲の条件下で安定に存在する一定の組成をもつ鉱物（相）が，温度や圧力などの変化に応じて，同じ組成を維持したまま別の相（結晶構造）に変化することである．

(2) 下部マントル: 700 km 以深（図 2.12）では，S 波速度が一定の増加率に変わる．かんらん石がより高圧で安定な鉱物（ペロブスカイト構造＋酸化物）に相転移しおえ，さらにざくろ石も 800 km より深くなるとペロブスカイト構造に変化することが，実験的に確かめられている．なお最近では，深さ 2700～2900 km のマントル最下部は，ペロブスカイトよりも密度の高い高圧相（ポスト

ペロブスカイト）からなると考えられ，D″層とよばれている（図2.20参照）．

b．核　地震波の研究から，マントルと核との境界では，密度が不連続に増大すること，外核は液体であるが，内核は固体であることなどがわかっている（図2.6，2.7参照）．このような核の性質，超高圧実験の結果，さらには隕石の研究から，核を構成する物質は岩石ではなく，金属であるとみなされている．その構成元素（重量％）はおもに鉄とニッケル（両者で95％）であり（表3.1参照），残りは硫黄や珪素などの軽元素を含むと考えられている．固体の内核はほとんど純粋な鉄からなり，液体の外核から分離・晶出したものである．

2.5　地球表面をおおうプレート

a．プレートとは　2.1節でのべたように，地球の表面には大規模な地形がみられる．陸地では大山脈や島弧，海底では中央海嶺や海溝などが代表的な例である．このような大地形はどのようにしてできたのだろうか．

　固体地球の表面は，厚さ数十〜200 km程度の岩盤によっておおわれている．この岩盤は一枚岩ではなく，中央海嶺や海溝などの特徴的な大地形の発達するところで連続がとぎれ，地球全体では十数枚からなる板状のブロックに分けられる（図2.13）．このようなひと続きの板状岩盤それぞれをプレート（plate）という．プレート同士を比べると，規模，構成，厚さなどは同一ではなく，またプレートの境界部では，プレート同士の相対的な運動によって，さまざまな地球科学的現象が生じている．このような考え方は，プレートテクトニクス（plate tectonics）といわれ，1960年代後半に提唱されて以来，その後の地球科学に一大革命をひきおこした（4.1，4.2節参照）．

　図2.13に示すように，それぞれのプレートには固有の名前がつけられている．しかし，地球表層をおおう1枚の硬い層としてまとめた力学的な用語としては，リソスフェア（lithosphere：岩石圏，リソとは岩石の意味）が用いられる（図2.12参照）．その下位には，深さ約660 kmまでアセノスフェア（asthenosphere：岩流圏，アセノとは軟弱の意味）が存在している．この層の最上部（70〜250 km）は，地震波の低速度層（図2.12参照）に相当し，岩石の一部（1〜10％）が溶けて軟らかくなっていると考えられる．つまり，それぞれのプレートは軟らかいアセノスフェアの上にのった硬い外皮に相当する．プレートはアセノスフェアの上に浮かんだ形で，横方向に移動していく．プレートの移動速度は，年間数mm〜10 cmくらいである（図2.13参照）．

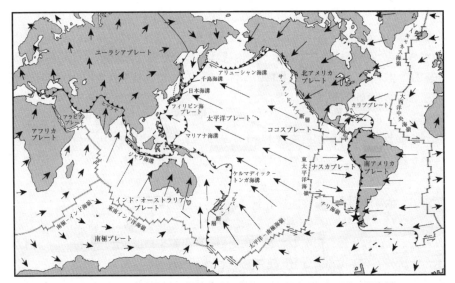

図 2.13 プレートとプレート境界の分布（Moores and Twiss, 1995 を一部改変）
矢印はプレートの相対移動ベクトルを，★は中央海嶺が沈み込んでいる場所（チリ）を示す（4.2.c 項参照）.

アセノスフェアの下には，メソスフェア（mesosphere：中間の層）が区分されることもある．メソスフェアはある程度の強度をもっているが，地表付近の構造運動には関与しないと考えられる．ここでのべたリソスフェア（プレートを含む），アセノスフェアおよびメソスフェアは，物質ではなく硬さの違いによる区分であることに注意したい．地殻と上部マントルの最上部がリソスフェアに，最上部を除く上部マントルがアセノスフェアに，下部マントルがメソスフェアに，それぞれ対応する（図 2.12 参照）.

b. 海洋プレートと大陸プレート　プレートは海底をのせている海洋プレートと，大陸をのせている大陸プレートとに二分される（図 2.3 参照）．ふつう 1 つのプレートは，海洋プレートの部分と大陸プレートの部分とからなる．しかし，太平洋プレートのように大部分が海洋プレートからなるもの，ユーラシアプレートのように大部分が大陸プレートからなるものもある（図 2.13 参照）.

(1) 海洋プレート：　海洋プレートはアセノスフェアの物質がわき上がる中央海嶺で，マグマの活動によって誕生したのち，左右方向に移動して，海溝で自らの重みで沈み込み消滅する．海底の岩石の形成年代をみると，中央海嶺から離れて海溝に近づくにつれてしだいに古くなっている．たとえば太平洋の場合，マリアナ海溝付近の岩石が最も古く，1.7 億年前という形成年代を示す（図 4.9 参照）.

海洋プレートの下面は，低温なある等温面を現している．中央海嶺で生成された直後のプレートは，その厚さは薄い（約 10 km）が，移動して冷却していくと厚くなる．その割合は図 2.14 に示されるように，形成年代の平方根にほぼ比例している．したがって，海洋プレートの厚さは，中央海嶺部で最も薄く，海溝部で最も厚く（最大値 100 km）なり，全体の平均は 70 km ほどである．

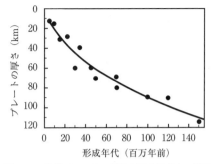

図 2.14　海洋プレートの厚さと形成年代との関係

(2) 大陸プレート: 大陸プレートの生成過程は複雑で，数千万～数億年もの長い時間による造山帯（4.5 節参照）の成長によって，その範囲を広げてゆくと考えられる．大陸地

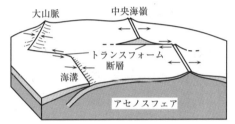

図 2.15　プレート境界の 3 つのタイプ

殻を含むため，プレートの厚さは 100～200 km と厚いが，プレート全体の密度は海洋プレートに比べて小さい．そのため，大陸プレートと海洋プレートとがぶつかると，大陸プレートの下に海洋プレートが沈み込むことになる．つまり，海洋プレートはリサイクルするが，大陸プレートはリサイクルしない．

c. プレートの境界と大地形

地球上にみられる大地形は，プレート境界の性質の違いを反映している．プレート同士の境界は，図 2.15 に示すように，お互いが離れる境界（発散境界：中央海嶺・大地溝帯），お互いが近づく境界（収束境界：海溝・大山脈），お互いがすれ違う境界（横ずれ境界：トランスフォーム断層）の 3 つに分けられる．

(1) 中央海嶺と大地溝帯（発散境界：プレートが誕生するところ）: 中央海嶺では，図 2.16 (a) が示すように，海嶺軸にそって幅 10～50 km で 1000～1800 m の深さをもった深い溝状地形（リフトまたは中軸谷）がみられる．中央海嶺を境にして，両側のプレートが反対方向に移動する．すなわちそこで海底が拡大し，引っ張りの力が働いた結果，正断層がおこり，溝状の凹みが形成されている．リフトでは，地下から噴き出したマグマが冷えて岩石となり，海洋プレートが誕生する．誕生したプレートは，海嶺軸とほぼ直交する左右方向に分かれてリフトか

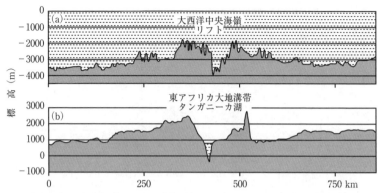

図 2.16 中央海嶺 (a) と大地溝帯 (b) の地形断面図 (Heezen, 1960 を改変) 標高を約 40 倍に拡大している.

ら離れてゆく．プレートが離れたリフト部分に，また地下からマグマが供給され，新しい海洋プレートを生む．中央海嶺はこのような引っ張り場における正断層や地割れが発達したリフトの形成と，顕著な火山活動で特徴づけられる．大西洋中央海嶺が陸地に現れているアイスランドが，その特徴を明確に示している（口絵 2）．

このような中央海嶺とよく似た地形断面が大陸地域にもみられる．図 2.16 (b) には，東アフリカの大地溝帯の例も示している．中央海嶺と比べると，その規模および形態，とくに中央軸に発達するリフトの存在など非常によく似ている．こ

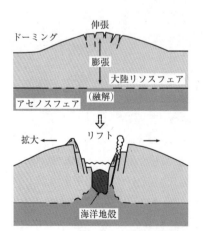

図 2.17 大地溝帯における海洋地殻の形成モデル（末広・廣井，1997 を改変）

こでは大陸プレートが割れ，下部からマグマが出てきて，海洋プレートをつくっているらしい（図 2.17）．したがって大地溝帯は，基本的には中央海嶺の延長部と考えられる．

(2) **海溝と大山脈**（収束境界：プレートがぶつかり，消滅するところ）： 環太平洋の島弧や陸弧の海洋側には，海溝とよばれる水深 6000 m 以上の凹地形が発達している．図 2.18 には，日本海溝の地形断面が示されている．縦横の比率に注意してみると，溝といっても極めてなだらかな凹みであることがわかる．海溝では海洋プレート

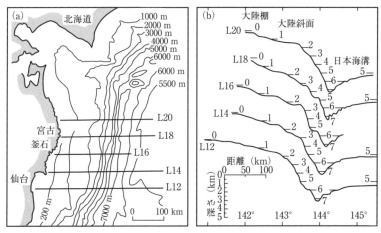

図 2.18 日本海溝の海底地形（a）と地形断面図（b）（Honza, 1977 と Onodera and Honza, 1977 から編図）
(b) は (a) の約 1.4 倍に，(b) の深さは水平距離の 20 倍に拡大している．

が，島弧や陸弧をのせた大陸プレートの下に潜り込んで，消滅している．これを沈み込み帯（サブダクション帯）といい，沈み込む海洋プレートに引きずられて，凹地形がつくられている．また，沈み込みに伴う造山運動によって大陸プレート側が成長・隆起して，ロッキーやアンデス山脈のような大山脈が形成される（4.5.a 項参照）．なお，日本列島も 2000〜1500 万年以前には，アンデス山脈のような陸弧であった（5.6.c 項参照）．

一方，大陸プレート同士が衝突すると，大陸プレートは沈み込まないので，一方のプレートが他方のプレートの下に入り込んで，ヒマラヤやアルプス山脈のような大山脈が形成される（4.5.b 項参照）．2.1 節でのべた地球上の最も深い海と最も高い山は，このようなプレートが沈み込むところと衝突するところに，それぞれ形成されていることは注目に値する．

(3) **トランスフォーム断層帯**（横ずれ境界：プレートが相互に横ずれをおこすところ）：2つのプレートが横にずれることによって，中央海嶺の軸に直交する断裂帯（図 2.2, 2.3, 2.15 参照）が形成される．ここではプレートの誕生も消滅もない．トランスフォーム断層はプレートの運動方向を示す指標となる．この名称はトロント大学のウィルソン（J.T. Wilson, カナダ）によって，1965 年につけられた．トランスフォーム断層の特徴は，断層の端が消滅してしまうのではなく，中央海嶺や海溝などに変容（transform）して続いており，それらが地球上

で大きな網の目状の構造をつくっていることにある.

トランスフォーム断層は中央海嶺と中央海嶺をつなぐ場合が多いが,海溝と海溝,中央海嶺と海溝をつなぐ場合もある.アメリカ西海岸のサンアンドレアス断層は中央海嶺と中央海嶺を,ニュージーランドのアルパイン断層は海溝と海溝を,それぞれつなぐトランスフォーム断層が陸上に現れたものである(図2.13参照).

2.6 地球内部の働き

a. 地球内部トモグラフィー

医学の分野では,身体内部の診断にCTスキャン(X線断層解析)が使われる.これはX線を用いて,身体を輪切りにした形で内部の状態を探るというものである.1990年代になって,地球内部とくにマントルについても,同じように輪切りにした三次元的解析ができるようになった.ただし,使用するのはX線ではなく,地震波の速度である.地球内部をくまなくスキャンした形で,地震波の速度がどのように分布しているかを解析する方法が地震(波)トモグラフィー(seismic tomography)である.

図2.19には,そのような解析結果の例を示している.この図において,相対的にS波速度の遅い部分(低速度域)は,周辺に比べて温度が高いと考えられる.このような研究から,全地球的規模での深度ごとのS波速度の不

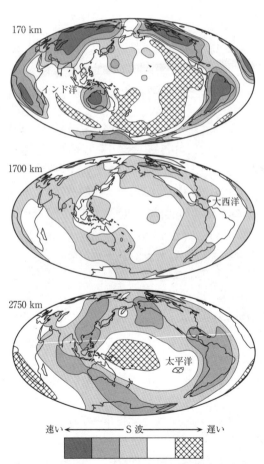

図2.19 地震(波)トモグラフィー(Beatty et al., 1999を簡略化)

均質性が明らかになった．まず，上部マントルの深さ 170 km の図をみると，たとえば中央海嶺にそった部分では，低速度域が連続し，そこは相対的に高温物質が存在することを示唆する．また，安定大陸の中核部には，速度の速い部分（高速度域）が存在し，相対的に低温で堅固な物質が存在することを示している．

次に，下部マントルの深さ 2750 km の図をみてみよう．まず目につくのは，南太平洋（タヒチ島からソロモン諸島）地下の低速度域である．ここには相対的に熱い物質が存在するらしい．一方，ユーラシア大陸東部，インド洋北部，南アメリカなどの地下には，高速度域がみられる．ここでは過去数億年以上にわたって，プレートが沈み込みを続けている．すなわちこの高速度域には，沈み込んだプレートが集積している可能性が高い．このように，マントルに沈み込んだプレートはスラブとよばれ，その形，大きさ，位置などを読みとることができる．

b. プルームとは　図 2.19 でみた地球内部における温度の不均質性は，何を示しているのであろうか．図 2.20 に模式的に示すように，マントルには地球表面に向かって上昇する物質の動きと，核に向かって下降する物質の動きとがある．たとえば，南太平洋タヒチ島の地下では，高温領域（図 2.19 の S 波の低速度域）がマントルと核の境界域まで広がっている．ここでは，熱い物質が上昇しており，この上昇流をホットプルーム（hot plume）という．プルームというの

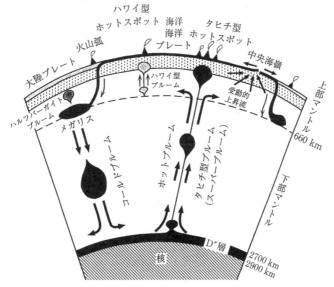

図 2.20　地球内部の物質大循環システム（山中，1995 を一部改変）

は「立ち上がる煙」という意味である．その上昇速度は年間数 cm 程度と見積もられている．この上昇流の形成には，核からの熱などの恒常的な供給が関与している．一方，ユーラシア大陸の下部に沈み込んできたプレートは，やがて上部マントルと下部マントルの境あたりに溜まってメガリスとよばれる大きな塊になる．これは，ある程度大きくなると，その重さでやがて下部マントルのなかを核との境界に向かって落下し，やがて D″ 層（2.4.a 項参照）を形成してゆく．この落下するものをコールドプルーム（cold plume）という．コールドプルーム直上の地表には，大きな大陸が存在する．これは小大陸あるいは大陸の断片が移動・合体して大きな大陸に成長するという地球表層部の事件と，コールドプルームという地球深部の働きとが密接な因果関係をもつことを示している（図 2.20）．

c. 地球内部の大循環　地球全体をみたとき，大規模なホットプルームは南太平洋地域以外に，もう 1 つアフリカにも存在する．一方，大規模なコールドプルームはユーラシア大陸の下部に存在するだけである．

こうして一方で上昇し，そして他方で下降するという複数のプルームの存在によって，地球内部の物質が循環している．つまり，地球はプルームの運動によって，内部に蓄積された熱を効果的に移動させるラジエイターシステムを備えている．その循環システムにのせられた形でプレートが移動する，という考えをプルームテクトニクス（plume tectonics）という．この考え方は 1990 年代に提唱され，全地球史の解明に向けて注目されている（熊澤ほか，2002）．

以上は現在の地球の姿であるが，過去にもこのようなプルームの活動がくり返しおこっていたと考えられている．その考え方によれば，たとえば大陸地殻の形成過程の周期性がうまく説明される．図 2.21 には，マントルから供給されたマグマによって形成された大陸地殻の形成年代の頻度分布を示している．その形成年代には 27 億年前，19 億年前および 13 億年前の 3 つのピークが認められる．これらの時期には，マントルと核の境界域で発生したプルームが上昇し，リソ

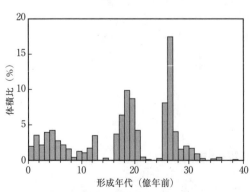

図 2.21　大陸地殻の形成年代の頻度分布（Condie，1997 による）

スフェアに十分な熱を供給したことで，マグマが発生しやすくなり，結果として大陸地殻の形成をうながしたと考えられている．

また，プルームの活動が地球表層環境にも大きな影響をおよぼすといわれている．たとえば，顕生代において多くの生物種が短期間のうちに絶滅した，いわゆる大量絶滅事件が5〜6回おきたことが知られている（後見返しの顕生代年代表を参照）．そのうちのいくつかは，プルームの活動によってひきおこされた大規模な火山活動によって，大気圏に大量の火山灰が飛散し，太陽光をさえぎり，光合成が抑制された結果といわれている（5.3.a, b項参照）．

2.7 地球表層の凹凸と地下でのバランス

a. 大陸地域と海洋地域の相違点

これまでみてきた大陸地域と海洋地域の違いをまとめると，表2.1のように示される．いわゆる海抜0mで大陸地域と海洋地域の境界をひくと，面積比は約3:7の割合で海洋地域が圧倒的に広い．一方，海面下にあっても大陸棚のように大陸地殻をもつ部分も大陸として計算すると，面積比は4:6になる．地殻を構成する岩石の体積比をみると，堆積岩は大陸地殻と海洋地殻の両者とも10%に満たない．一方，花崗岩質岩石と玄武岩質岩石をみると，大きな相違がある．大陸地殻においては，両者はほぼ同じ割合で存在するが，海洋地殻には玄武岩質岩石だけで，花崗岩質岩石は基本的には存在しない．また，地殻を構成する岩石の形成年代は，海洋地殻のものが圧倒的に新しい．さらに，地殻の厚さも海洋地殻の方が薄く，平均密度が大きい．これらの

表2.1 大陸地域と海洋地域との比較

特徴		大陸地域	海洋地域
表面積		1.47 億 km^2	3.63 億 km^2
地球全体に占める表面積の割合		29%	71%
地殻全体に占める割合（表面積）		40%	60%
平均高度・深度		840 m	−3729 m
地殻を構成するおもな岩石の体積比	堆積岩	9%	6%
	花崗岩質岩石	45%*	0%
	玄武岩質岩石	46%*	94%
構成岩石の形成年代		40億年前〜現在	1.7億年前〜現在
地殻の厚さ（モホ面の深さ）		39.17 ± 8.52 km	7.0 ± 0.8 km
地殻の平均密度		2.67 g/cm^3	2.80 g/cm^3
プレートを構成するマントルの平均密度		3.3 g/cm^3	3.3 g/cm^3
プレートの厚さ		100〜200 km	10〜100 km

*変成岩を含む．

相違点は，大陸地殻と海洋地殻の形成過程を考えるうえで，大変重要である．

b．アイソスタシー　　図2.1で示したように，地表の凹凸すなわち地形的な高度・深度分布をみると，大陸と海洋とでそれぞれ1つずつのピークをもつバイモーダルな分布を示すのが特徴である．このような地形の高低を，地下の物質との関係でとらえようという考えが，すでに19世紀中ごろにみられた．すなわち，地球表面の物質はそれよりも重い物質の上に浮かんだ状態にあり，地形の高まりによる荷重と地球内部にある密度の大きい物質によって生じる浮力とが釣り合っているという考えである．この均衡現象は1889年，ダットン（C.E. Dutton，アメリカ）によってアイソスタシー（isostasy，地殻均衡説）とよばれた．

(1) 地殻とマントルの均衡説：　アイソスタシーの説明には，当初2つのモデルが提唱された．いずれも荷重と浮力が均衡を保っている面（補償面）より下にある物質は，流体のように自由に流動することが前提となっている．流体といっても液体である必要はなく，非常に長い時間をかけて働く力に対して，液体のように振る舞えばいいのである．

まず，プラット（J.H. Pratt，イギリス）は補償面が平らであると考えた．これは地殻が積み木のようにいくつかのブロックに分かれて地形の凹凸をつくり，その凹凸に応じてブロックごとに密度が異なるというモデルである（図2.22(a)）．つまり，山のように地形の高いところの地殻は密度が小さく，地形的に低いところの地殻は密度が大きいというモデルである．一方，エアリー（G.B. Airy，イギリス）はブロックごとに地殻の密度はほぼ同じであるが，地形の高まりに応じてその厚さが変わると考えた（図2.22(b)）．ちょうど，海に浮かぶ氷山にたとえられ，地表に突き出た高まりがあると，その高さに呼応して地殻が厚くなって，下位のマントルに深い根をおろしているというモデルである．

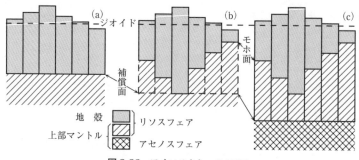

図2.22　アイソスタシーのモデル

両モデルとも，補償面はモホ面の最下底に一致し，マントルが流体的に振る舞うため，地殻の上下運動が可能となるという考えである．地震波の解析結果からは，モホ面の深さは陸地が高いところほど深くなっているので，エアリー説の方が現実的である．

(2) リソスフェアとアセノスフェアの均衡説： 地震波の速度分布からみると，上記の両モデルのようなモホ面直下のマントルが，流体的である可能性は低い．むしろ，上部マントル内の低速度層が，流体的に振る舞うと考えるのが自然である．そこで最近では，補償面はモホ面よりも深く，リソスフェア下底面あるいはアセノスフェア内部にあると考えられるようになった（図2.22 (c)）．

アイソスタシーがどの程度成り立っているかを判断するには，重力異常のデータが有効である（1.3.a項参照）．たとえば，スカンジナビア半島では重力は負の異常を示しており，アイソスタシーは成り立っていないと考えられている．アイソスタシーが成立しない状態があると，地球は自然にそれを回復しようとする．スカンジナビア半島では，ここ1万年間にわたって，年に最大1～2cmの速さで大地が隆起を続けている（図2.23）．この地域においては，約2万年前の最終氷期のピーク時に厚さ約3000mに達する氷床がおおっていた．氷期の終わりとともに氷床がほとんど融解したために，氷の重さ分だけアセノスフェアにかかる荷重が減り，その結果として隆起がおこっているのである．

つまり，地下のある深さにある補償面における荷重と浮力の均衡を回復するために，アセノスフェアに押し込められたリソスフェアが隆起し，それが地表の隆起に反映しているのである．このように，アセノスフェアの上にリソスフェアが浮かんでいることでアイソスタシーが成り立っている．

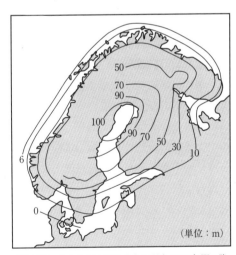

図2.23 スカンジナビア半島の過去5000年間の隆起量（Press and Siever, 1982を簡略化）

3. 地殻の物質

　私たちは地殻の上にすみ,その恩恵と災害をうけつつ生活している.地殻の構造とその進化を理解し,地殻とうまく共生してゆくことが肝要である.そのためには,地殻を構成している物質,すなわち鉱物や岩石に記録されているいろいろな現象を正しく読みとる必要がある.この分野の研究者たちは,野外調査における地層・岩石の産状や性質などのマクロな観察から,鉱物の分子や原子レベルでのミクロな構造や物性の解析までをおこなっている.本章では,地殻を構成する元素（原子）組成をはじめ,鉱物や岩石の性質,分類,産状などの基礎的な事項について解説するとともに,最近の成因論についても紹介する.

3.1 地殻の化学組成

　地殻は地球表層をおおう極めて薄い岩石からなる層であり,マントル（岩石）および核（金属）とともに地球の構成物質による区分（成層構造）の1つである（2.2～2.4節参照）.また,地殻は構成物質の性質と厚さに基づいて,大陸地殻と海洋地殻とに二大別される.

　a. 地殻の構成単元　地殻の表層は,日ごろ見慣れている砂や泥などの堆積物,草木,建造物などでおおわれているが,これらをはぎとるとその下は,どこでも硬い岩石からできている.また,海洋,湖沼,河川などでも,その水と水底の堆積物をとり除くと,その下は岩石で構成され,陸地の岩石とつながっている.このように,地殻は未固結の堆積物と硬い岩石からできているが,堆積物は極めて薄くわずかであり,岩石がほとんど大部分を占めているとみなしてよい.
　岩石は鉱物などの集まったものであり,鉱物はある一定の元素（原子）で構成されている.したがって,地殻の最小構成単元は元素（原子）であるといえる.このことはマントルや核についても同様である.

　b. 地殻の元素組成　地殻だけでなくマントルと核を含む地球全体の化学組成を知ることは,地球科学の重要な課題の1つである.しかし,地球内部の物質はごく一部を除いて入手できないので,地球構成物質から化学組成を推定することには限界がある.そのためにこれまでは,宇宙の元素存在度,隕石,地球内部

表 3.1 地殻,マントル,核および地球全体の化学組成(重量%)

	大陸地殻[1]	海洋地殻[2]	マントル[3]		核[4]	地球全体[5]
SiO_2	60.1	49.5	45.1	O	—	29.5
TiO_2	0.7	1.5	0.2	Fe	89.6	34.6
Al_2O_3	16.1	16.0	3.3	Si	—	15.2
FeO	6.7	10.5	8.0	Mg	—	12.7
MgO	4.5	7.7	38.1	Ni	5.4	2.4
MnO	0.1	—	0.2	S	—	1.9
CaO	6.5	11.3	3.1	Ca	—	1.1
Na_2O	3.3	2.8	0.4	Al	—	1.1
K_2O	1.9	0.2	0.0	Na	—	0.6
P_2O_5	0.2	—	—	Co	0.2	0.1
Cr_2O_3	—	—	0.4	その他	4.8	0.8
合　計	100.1	99.5	98.8	合　計	100.0	100.0

[1] 巽・高橋 (1997),　[2] Taylor and McLennan (1985),　[3] Ringwood (1979),
[4] Zindler and Hart (1986),　[5] Mason (1966).

由来の岩石,地表の岩石などからの情報を総合して,いろいろな推定がなされてきた.これらの推定結果には,どの研究者のデータを引用するかによって,その値は微妙に異なる.

　ここでは現在広く受け入れられている化学組成の例として,地殻,マントル,核および地球全体の推定値を表 3.1 に示す.大陸地殻とマントルについては,酸化物の重量%で表現されているので,それらの値を分解して各元素の重量%を計算し,核および地球全体とともにそれらの元素組成を図 3.1 に示す.なお,各元素の重量%を各原子量で割り 100 に換算すると元素数%がえられ,各元素数%に各イオン半径の 3 乗を掛け 100 に換算すると元素の体積%を求めることができる.こうして計算された大陸地殻の値を図 3.2 に示す.

　図 3.1 と 3.2 からわかるように,大陸地殻の元素組成が,重量%では酸素が約 1/2 と最も多く,ついで珪素が約 1/4 を占め,Al, Fe, Ca, Mg, Na および K の合計 8 元素で 99%をこえていることに注目したい.構成元素の体積%でみると,酸素だけで 90%以上に達し,その隙間に珪素(0.2%)やその他の元素が存在していることも驚きである.また,大陸地殻に関するこれら 3 つの円グラフは,構成元素の割合を表現しているが,何を基準に示すかによって,これほど大きく数値が変わることにも注意してほしい.なお,私たちが利用している金属資源(Cu, Pb, Zn, U, Ag, Au など)は,いずれも地殻内に存在するが,それらを合計してもその他の 0.6%以下しか含まれていないのである(表 6.1 参照).

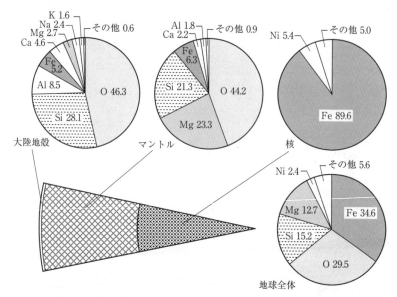

図 3.1 大陸地殻，マントル，核および地球全体の元素組成（重量％）
データは表 3.1 による．

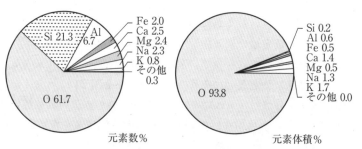

図 3.2 大陸地殻の元素組成（元素数％と体積％）
データは表 3.1 から計算したものである．

　また表 3.1 に示すように，海洋地殻の化学組成は海底に広く存在する玄武岩の組成に類似している．大陸地殻は海洋地殻に比べて，SiO_2 と K_2O に富み，FeO，MgO および CaO に乏しい．このことは大陸地殻が花崗岩質の岩石を多く含むこと，および安山岩組成（花崗岩と玄武岩の中間的な組成）を示すこととよく対応している．一方，大陸と海洋の地殻はマントルに比べて，Al_2O_3，CaO，Na_2O および K_2O に富む．このことはマントルの分化に伴って，これらの比較的軽くて溶けやすい成分が長石類として地殻に濃集してきたことを示している．

3.2 鉱物とその形成条件

a. 鉱物とは 鉱物は天然に産するほぼ均質な無機物質で，ふつう固体であり，大部分は一定の結晶構造をもっている．このために，個々の鉱物の化学成分は，1つの化学式で表される．結晶あるいは結晶質とは，原子が三次元的に規則正しく周期的に配列してできている固体，あるいはその性質をさす．原子の配列のし方を結晶構造といい，その構造にしたがって外形も規則正しくなり，いくつかの決まった向きの美しい結晶面でかこまれる（図3.3）．しかしまれには，非結晶質（オパール）や液体（自然水銀）の鉱物もある．

現在，地球上で知られている鉱物の総数は，5000種をこえている．地殻の大部分はその10%以下の300種程度で構成され，残りは特殊な条件下でできたものである．また，ふつうの岩石をつくっている鉱物（造岩鉱物）は，せいぜい数十種くらいである．

b. 鉱物の性質

(1) 面角一定の法則： 石英の結晶（水晶）を図3.3と3.4に示す．1669年，ステノ（N. Steno, デンマーク）は水晶が一見違う結晶のように見えても，同じ結晶面の間の角度は常に一定であることを発見した．この性質は水晶だけでなく，鉱物一般に認められ，面角一定の法則とよばれている．

(2) 劈開： 結晶には原子間の結合力が弱いと，それに垂直な面で割れやすい性質がある．これを劈開とよび，割れた面を劈開面という．剥離性の顕著な雲母や平行四面体に割れる方解石は，その典型である．石英のように原子間の結合力に大差がない場合には，劈開はできない．割れた面は貝殻状あるいは不規則な形になる．

(3) 硬度： 1812年，モース（F. Mohs, ドイツ）は鉱物の硬度を10段階に区分し，お互いに引っかきあってどちらが硬いかで，その他の鉱物の相対的な硬度を決める方法を開発した．その標準鉱物は軟らかい方から硬い方（硬度1〜10）へ，①滑石，②石こう，③方解石，④蛍石，⑤りん灰石，⑥正長石，⑦石英，⑧トパーズ，⑨コランダム，⑩ダイヤモンドとさ

図3.3 いろいろな結晶の形
左から十字石，石英（水晶）および蛍石の結晶．

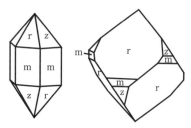

図 3.4 石英の結晶（水晶）
m, r および z は結晶面の記号であり，r∧z=46°16′, r∧m=38°13′, z∧m=66°52′ を示す．

れた．これをモースの硬度計という．たとえば，石英と同じならば硬度 7，また正長石には傷をつけるが，石英には逆に傷をつけられる鉱物は，硬度 6.5 と表す．これは 6 と 7 の中間という意味で，6.3 や 6.8 があるわけではない．なお，身近な物質では，カッターの刃は硬度約 6，ツメは硬度 2.5 に相当する．

(4) 色： 鉱物が示す色は，いろいろに複雑である．その多くは白色光（可視光線）が鉱物を透過あるいは反射するときに，鉱物が特定の波長の光を吸収したり，反射することによっている．自然硫黄の黄色や磁鉄鉱の黒色のように，その鉱物によって決まっているものもあるが，同じ鉱物でもごく微量に含まれる遷移元素によって，光の吸収が異なるために色が変わることがある．たとえば，コランダム（Al_2O_3）はふつう無色透明であるが，微量の Cr が入ると赤いルビーになり，Fe を含むと青いサファイアになる．そのほか，結晶中の格子欠陥による光の吸収や結晶内部の光の干渉などに起因する色の変化もある．

(5) その他： 鉱物は密度，弾性・剛性・脆性などの機械的性質，電気的性質，磁気的性質，光学的性質など，さまざまな性質をもっている．鉱物の性質を把握することは，たとえば地球内部物質を推定したり，地震や火山などの現象を理解するうえでも重要である．

c. 鉱物の分類 鉱物は化学組成を基礎にして，結晶化学的な立場から分類される（表 3.2）．それは主として陰イオンの種類と結合様式とに基づいている．このなかには，1 種類の元素だけからなる鉱物（元素鉱物），O^{2-} や F^- などの陰イオンが陽イオンと化合しているもの（酸化鉱物，ハロゲン化鉱物など），$(CO_3)^{2-}$ などの独立した錯陰イオンが陽イオンとイオン結合したもの（炭酸塩鉱物，硫酸塩鉱物など）などがある．産出量は珪酸塩鉱物が最も多く，酸化鉱物や硫化鉱物がそれに続く．

珪酸塩鉱物： イオン半径の大きな 4 個の O^{2-} が四面体を構成し，その中心にイオン半径の小さな 1 個の Si^{4+} が入るように結合したものを酸素-珪素四面体とよび，$(SiO_4)^{4-}$ で表される（図 3.5）．酸素-珪素四面体は珪酸塩鉱物の結晶構造の基本的な骨組みとなるもので，酸素イオンを共有してつながり，鎖状，環状，

表 3.2 鉱物の結晶化学的な分類

類	陰イオン	鉱物の例
元素鉱物	—	ダイヤモンド C, 石墨 C, 自然金 Au
酸化鉱物	O^{2-}	コランダム Al_2O_3, 磁鉄鉱 Fe_3O_4
硫化鉱物	S^{2-}	黄鉄鉱 FeS_2, 黄銅鉱 $CuFeS_2$
ハロゲン化鉱物	Cl^-, F^-, Br^-, I^-	岩塩 NaCl, 蛍石 CaF_2
珪酸塩鉱物	$(SiO_4)^{4-}$	かんらん石 $(Mg, Fe)_2SiO_4$
炭酸塩鉱物	$(CO_3)^{2-}$	方解石 $CaCO_3$, 菱マンガン鉱 $MnCO_3$
硫酸塩鉱物	$(SO_4)^{2-}$	石こう $CaSO_4 \cdot 2H_2O$, 重晶石 $BaSO_4$
硝酸塩鉱物	$(NO_3)^-$	硝石 KNO_3
ほう酸塩鉱物	$(BO_3)^{3-}$	小藤石 $Mg_3(BO_3)_2$
りん酸塩鉱物	$(PO_4)^{3-}$	りん灰ウラン石 $Ca(UO_2)_2(PO_4)_2 \cdot 10\sim12H_2O$
ひ酸塩鉱物	$(AsO_4)^{3-}$	スコロダイト $Fe^{3+}(AsO_4) \cdot 2H_2O$

表 3.3 珪酸塩鉱物の (SiO_4) 四面体の結合による分類

分類	(SiO_4) 四面体の結合方法	Si:O 比	例
ネソ珪酸塩	四面体が独立しているもの	1:4	かんらん石, ざくろ石
ソロ珪酸塩	2つの四面体が1つの酸素を共有しているもの	2:7	ローソン石, 緑れん石
サイクロ珪酸塩	四面体が環状に結合しているもの	1:3	菫青石, 電気石
イノ珪酸塩	四面体が鎖状をなしているもの	1:3 (単鎖)	輝石
		4:11 (複鎖)	角閃石
フィロ珪酸塩	四面体が層状をなしているもの	2:5	黒雲母, 緑泥石
テクト珪酸塩	四面体が頂点を共有し, 三次元的網目構造をなすもの	1:2	斜長石, カリ長石, 石英

層状などの構造をつくる（表 3.3）．このような珪酸塩鉱物は，地殻を構成する岩石の主要な構成鉱物（造岩鉱物）でもある．このことは，地殻を構成する主要な元素が酸素と珪素であることをよく反映している（図 3.1, 3.2 参照）．

d. 鉱物の形成条件

(1) 固溶体： 多くの鉱物とくに珪酸塩鉱物では，イオン半径や電荷の類似した原子が入れかわることによって，ある範囲で化学組成が連続的に変化することがある．たとえば，かんらん石は Mg^{2+} と Fe^{2+} の置換によって，Mg_2SiO_4（フォステライト）と Fe_2SiO_4（ファヤライト）の間で連続的に組成が変化する（図 3.6）．このように2種類以上の化合物が混合して，1つの均質な固相

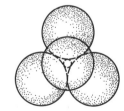

図 3.5 酸素-珪素四面体：(SiO_4) 四面体真上からみた図で，珪素はかくれているので，破線の小円で示してある．

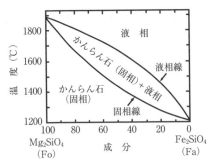

図 3.6 かんらん石の相平衡関係
図の横軸は Fo 成分を示す．Fa 成分はその逆になる．

表 3.4 ダイヤモンドと石墨の物理的性質

物理的性質	ダイヤモンド	石墨
結晶系	等軸晶系	六方晶系
色	無色透明	黒
硬度	10	2
密度 (g/cm³)	3.52	2.1
電気的性質	不良導体	良導体

をなす結晶を固溶体（solid solution）という．Mg_2SiO_4（Fo）と Fe_2SiO_4（Fa）をこの固溶体の端成分とよぶ．それぞれの端成分の混合割合によって，たとえば $(Mg_{0.3}Fe_{0.7})_2SiO_4$ あるいは $Fo_{30}Fa_{70}$ と表す．固溶体組成から，鉱物の形成条件を特定できることが多い．

(2) **多形**：化学組成が同じで，結晶構造が異なるものを多形（polymorphism）という．たとえば，ダイヤモンドと石墨はいずれも炭素（C）からできているが，それらの結晶構造（等軸晶系と六方晶系）が異なるので，多形の関係にある（図 3.7）．その結果，両者の物理的な性質はまったく異なる（表 3.4）．ダイヤモンドは地球上で最も硬い鉱物であるが，石墨は鉛筆の芯として使われる軟らかい鉱物である．多形をなす鉱物はお互いに安定に存在できる温度・圧力領域が異なるので，産出鉱物によってその形成条件を特定することができる．

(3) **相律と相平衡**：ある系に存在する相の数を p，成分の数を c とし，自由に変えることのできる変数の数を F とすると，これらの間には $F=c+2-p$ の関係が成り立つ．これを相律といい，F を自由度とよぶ．相律は 2 つ以上の相が平衡状態にありうるための条件を与えるもので，1874 年にギブス（W. Gibbs，アメリカ）によって熱力学的に導きだされた．相律の意味を理解するために，簡単な例として成分 H_2O 1 つの相平衡図を図 3.8 に示す．これは外的条件の温度と圧力を座標軸にとった平面図で，水（液体），氷（固体）および水蒸気（気体）のそ

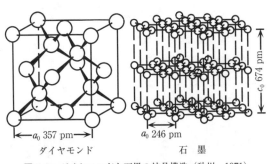

図 3.7 ダイヤモンドと石墨の結晶構造（砂川，1971）

れぞれの相の安定な領域が示されている．2つの相の境界線上では，2つの相が共存する．3本の境界線の交点は3相が共存し，3重点とよばれる．

いま，成分の数 c は H_2O 1つであるので，$c=1$ を代入すると，$F=3-p$ となる．相 (p) が1であるときは $F=2$ となり，自由度は2である．これは1相の安定領域が平面で示され，温度も圧力も自由に変えられることを意味している．$p=2$ のとき，すなわち2相が共存するときは $F=1$ となり，2相の境界線上では温度と圧力のどちらかが決まれば，他方は決まってしまう．$p=3$ のとき，すなわち氷と水と水蒸気の3相が共存するときは $F=$

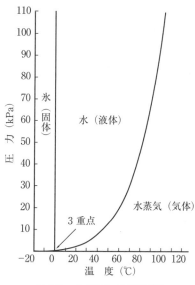

図 3.8 水（H_2O）の相平衡図

0となるので，温度も圧力も決まった値しかとれない．すなわち，3重点は自由度が0であり，唯一無二の不変点（0.01℃，0.61 kPa）を意味している．

このような温度と圧力の変化に対して，ある鉱物（相）がどのような領域で安定であるか，また鉱物の組合せがどのように変化するかは相律にしたがい，それを表した図を相平衡図あるいは状態図という．地殻の鉱物や岩石だけでなく地球内部や地球外物質の成因を考える場合，相律や相平衡図を使って鉱物の形成条件，マグマの発生や結晶作用，変成作用の諸条件などを見積もることが可能である．

（4） 鉱物の合成： 鉱物の人工合成の本格的な研究は，1907年にアメリカのカーネギー地球物理学研究所において開始された．とくに第二次大戦後には，温度や圧力を厳密に制御しながら種々の鉱物が合成され，数多くの相平衡図がつくられた．これによって複雑な天然の関係が再構成され，鉱物や岩石の成因が明らかにされてきた．鉱物の合成実験はしだいに高温・高圧，さらに超高圧へと進展し，造岩鉱物の相転移や融解現象が調べられるようになった．

このような合成実験の成果は，窯業にとっても有用となり，現代ではダイヤモンドなどの人工宝石だけでなく，セラミクス，半導体，超伝導物質などの優れた材料の開発にも生かされている．

3.3 岩石の分類とそのサイクル

a. 岩石の性質と分類　岩石は鉱物またはそれに準ずる天然の物質（火山ガラスなど）が不規則に集合した塊(かたまり)であり，地殻やマントルでおこる自然現象でつくられた無機物質である．

岩石はでき方によって，火成岩，堆積岩，変成岩の3つの大グループに区分される（表3.5）．火成岩はマグマが冷却・固結してできた岩石群であり，地殻全体積の80%に達する．堆積岩は岩石の砕屑物(さいせつ)（砂や泥など），生物の遺骸，化学的沈殿物およびそれらの混合物が沈積・固化して形成された岩石群である．量的には，地殻全体積の5%を占めるにすぎないが，陸地表面の75%をおおっている．変成岩は既存の岩石が固体のままで温度や圧力の上昇のために変化した岩石群であり，地殻全体積の15%におよぶ．火成岩と変成岩は地球内部エネルギーによって，また堆積岩は太陽エネルギーによって，それぞれ形成されている．

火成岩，堆積岩および変成岩の岩石群は，次節以降で詳しくのべるように，表3.5に示される小グループにそれぞれ細分され，さらに各小グループの岩石群は，1つ1つの岩石にそれぞれ固有の名前がつけられる．岩石の分類はすべて自然的な境界に基づくものではなく，人為（科学）的に定義されたものである．岩石のもつこのような性質は，動物や植物そして鉱物に自然的な境界（種，species）があることと，基本的に異なる大きな特徴である．

b. 岩石のサイクル　地殻内部での上記のような岩石の相互関係を岩石サイクル（循環）といい，模式的には図3.9のように示すことができる．この図はどこから見てもよいが，まず左下のマグマの発生から考えることにしよう．

① マグマは地下50〜150 kmの上部マントルで発生し，地殻に上昇する．

② マグマの一部は地殻の深部に入り込み（貫入），そこでしだいに冷えて固まり，深成岩をつくる．

③ 一部のマグマは火山活動によって地表に噴出し，火山岩や火砕岩となり，火山体をつくる．噴出したマグマからは，水蒸気（H_2O）や二酸化炭素（CO_2）

表3.5　岩石の成因的な分類

	大グループ	小グループ		
岩　石	火　成　岩	深　成　岩	半深成岩	火山岩・火砕岩*
	堆　積　岩	砕屑性堆積岩	生物の堆積岩	化学的堆積岩
	変　成　岩	広域変成岩	接触変成岩	大洋底変成岩

*火山岩は，狭義には溶岩に由来するものをさし，広義には火砕岩を含む．

などの火山ガスが放出され，気圏や水圏につけ加わる．

④　こうして誕生した火山体は，気圏や水圏さらに太陽エネルギーによって風化・侵食され，砂や泥などの堆積物をつくる．堆積物はしだいに地下に埋積し，時間がたつと固化して，堆積岩になる．

⑤　堆積岩がさらに地下の深いところに追いやられると，そこの温度と圧力のために変成作用がおこり，これまでとは違った鉱物と組織をもつ広域変成岩に変わる．その過程で，H_2O や CO_2 などが放出されることもある．

⑥　変成作用の温度がさらに高くなると，変成岩の一部は溶け始める．溶けたものはマグマであり，地殻のどこかに貫入して，深成岩や半深成岩をつくる．

⑦　このようにして形成された堆積岩，変成岩および火成岩が地殻変動によって隆起すれば，大きな褶曲山脈となる．地表に現れた褶曲山脈は風化・侵食作用をうけるので，堆積物を生む．その堆積物は上にのべた④から⑥の過程を経て，再び堆積岩，変成岩そして火成岩へと移り変わる．

⑧　地殻に貫入した火成岩体の周囲には，接触変成岩や熱水鉱床ができる．

以上のような作用と循環は，地殻の誕生（約40億年前）以降現在まで，地殻内部で常におこっており，将来もくり返しおこるであろう．

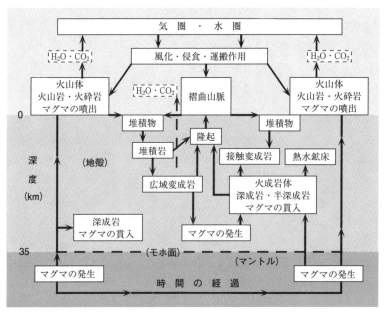

図 3.9　岩石サイクルの模式図（西村・松里，1991）

3.4 火成岩と火成作用

マグマは上部マントルまたは下部地殻の岩石が部分的に溶けたものであり，多くの成分からなる珪酸塩の溶融体である．ふつう1200～700℃の温度を示す．このような高温のマグマが冷却・固結してできる岩石を火成岩といい，その形成過程でおこる一連の現象を火成作用という．

a. 火成岩の分類と産状　火成岩を分類するためには，2，3の要因に着目する．その1つはマグマが冷却する速度，あるいは冷却・固結する場所である．これによって火成岩をつくる鉱物の大きさ，形，並び方などの性質，すなわち組織が規制される．もう1つはマグマから晶出してくる鉱物の種類と量比である．これが火成岩の色調や色指数あるいは化学組成を支配する．これら2つの要因と第3の要因であるマグマの種類（後述）とが複雑に関連しあっているので，現実にはいろいろな性質をもつ多種多様な火成岩が形成されている．まずここでは単純化して，ある1つのマグマからできる火成岩の分類法について解説しよう．

(1) 火成岩の組織：　火成岩のおりなす代表的な組織を図3.10に示す．マグマが地下の深いところでゆっくり冷却すると，粒の粗い鉱物だけが集合した岩石になる．これを完晶質等粒状組織とよび，深成岩という小グループに区分する．これに対して，地表あるいは地下の浅いところでマグマが急に冷却すると，ガラス（非結晶）や粒の細かい鉱物（石基）と，そのなかにより大きい鉱物（斑晶）が散らばっている斑状組織を示す岩石になる．このような岩石の小グループを火山岩（狭義）という．火山岩はガスがぬけてできた気孔を含むことがある．また，深成岩と火山岩の中間的な条件で冷却すると，ガラスを欠く石基と斑晶からなる

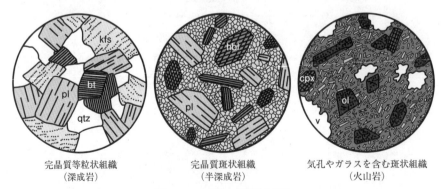

完晶質等粒状組織　　完晶質斑状組織　　気孔やガラスを含む斑状組織
（深成岩）　　　　　（半深成岩）　　　　　（火山岩）

図3.10　火成岩の代表的な組織
qtz：石英，pl：斜長石，kfs：カリ長石，bt：黒雲母，hbl：角閃石，cpx：単斜輝石，ol：かんらん石，v：気孔．

岩石，すなわち完晶質で斑状組織を示す岩石になる．この小グループを半深成岩に区分する．なお，斑晶はマグマがゆっくり冷えていくときに大きく成長した鉱物で，石基はマグマの液体部分が急冷したものである．これが先にのべた第1の要因であり，火成岩の分類図（図3.11参照）の縦軸に相当する．

(2) 火成岩の鉱物組成: 火成岩をつくるおもな鉱物（造岩鉱物）を表3.6に示す．これらのうち石英，カリ長石および斜長石は，色が無色か白いので無色鉱物（または珪長質鉱物）とよばれ，Si, Al, Na, Kなどに富む．黒雲母，角閃石，単斜輝石，直方（斜方）輝石およびかんらん石は，色が濃いため有色鉱物（または苦鉄質鉱物）といわれ，Siが少なくFeとMgに富んでいる．これらの造岩鉱物は，マグマが冷却する温度に応じて，規則正しい順序で晶出する（図3.15参照）．

火成岩をつくる鉱物の組合せと量比は，マグマの冷却温度によって，いろいろな種類ができる．肉眼的には，有色鉱物の含有量で示される色調によって，おおまかに黒っぽい岩石，中間色の岩石，白っぽい岩石に三大別し，図3.11から鉱物の組合せを推定する方法がとられている．より正確には，火成岩の薄片を偏光顕微鏡で観察して，鉱物の組合せを決定したり，有色鉱物の体積%（色指数）を求めたりする．また，火成岩の化学分析をおこなえば，二酸化珪素（SiO_2）などの化学組成を重量%で求めることもできる．このような火成岩の色調，色指数あるいは化学組成に基づいて，火成岩は苦鉄質（塩基性），中間質（中性），珪長質（酸性）に三大別される（図3.11）．色指数と化学組成による区分は，ふつうほぼ対応するが，例外もある．なお，苦鉄質（塩基性）岩よりさらに有色鉱物の多い岩石を超苦鉄質（超塩基性）として区分する．以上が先にのべた第2の要因であ

表3.6 火成岩のおもな造岩鉱物

	鉱物	結晶系	化学組成	密度 (g/cm³)
（苦鉄質有色鉱物）	かんらん石	直方（斜方）	Mg_2SiO_4とFe_2SiO_4との固溶体	3.2〜4.4
	直方（斜方）輝石	直方（斜方）	$MgSiO_3$と$FeSiO_3$との固溶体	3.2〜4.0
	単斜輝石	単斜	$MgSiO_3$, $FeSiO_3$, $CaSiO_3$の固溶体	3.0〜3.6
	角閃石	単斜	$Ca_2Mg_5Si_8O_{22}$	2.9〜3.6
	黒雲母	単斜	$K_2(Mg, Fe, Al)_{6-5}(Si, Al)_8O_{20}(OH)_4$で表される複雑な固溶体	2.7〜3.3
（珪長質無色鉱物）	斜長石	三斜	$CaAl_2Si_2O_8$と$NaAlSi_3O_8$との固溶体	2.62〜2.76
	カリ長石	単斜，三斜	$KAlSi_3O_8$を主とする固溶体	2.55〜2.62
	石英	六方（三方）	SiO_2	2.65

り，火成岩の分類図（図 3.11）の横軸に相当する．

(3) 火成岩の分類と命名法： 火成岩の分類や命名は，上にのべた 2 つの要因である組織と色調（色指数または化学組成）を縦軸と横軸にとって，それらの組合せから図 3.11 のようになされている．たとえば肉眼的には，黒っぽい色でガラスや気孔を含み斑状組織を示す岩石は，苦鉄質の火山岩で，玄武岩と名づけられる．また，白っぽい色で完晶質等粒状組織を示す岩石は，珪長質の深成岩であり，花崗岩と名づけられる．さらに，特徴的な鉱物名や組織名を岩石名の前につけて，より詳しく表現することも多い．たとえば，ざくろ石と白雲母を含む花崗岩であれば，含有量の少ない順に，ざくろ石白雲母花崗岩と命名する．

(4) 火砕岩の分類と命名法： 火山噴火によって砕けた物質（火山砕屑物）が，地表で堆積・固結した岩石を火砕岩（火山砕屑岩）という．本書では，火山岩の小グループに区分する．火砕岩は火山岩であると同時に，堆積岩としての性質をもっている．したがって，火山岩としてはマグマの化学組成をもとにし，また堆積岩としては火山砕屑物の粒径（表 3.7）をもとにして，分類がなされている．

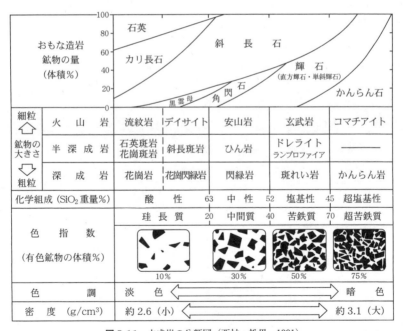

図 3.11 火成岩の分類図（西村・松里，1991）
この図はアルカリ元素を多く含む岩石には適応できない．不透明鉱物などの副成分鉱物は省略されている．

また、凝灰岩はそのなかに含まれるガラス片、結晶片および岩片の量比によって、それぞれガラス質、結晶質および石質に区分される。このようにして、たとえば、流紋岩質凝灰角礫岩、ガラス質凝灰岩、デイサイト質溶結凝灰岩などと命名される。なお、水中に高温の溶岩が噴出すると急冷し、破砕してガラス質岩片の集合体となる。これをハイアロクラスタイトとよぶ。

表3.7 火山砕屑物と火砕岩の分類

粒　度	火山砕屑物	火　砕　岩
64 mm 以上	火山岩塊	火山角礫岩、凝灰角礫岩
2～64 mm	火山礫	火山礫凝灰岩
2 mm 以下	火山灰	凝灰岩

(5) **火成岩の産状**：　マグマは地表に火山体をつくるとともに、地下にいろいろな形態の火成岩体を形成する。図3.12はこれらを模式的に示したものである。火山体は火山岩で構成され、バソリス（底盤）や岩株（ストック）は深成岩からなる。小規模な岩脈、シルおよびラコリスは半深成岩であることが多い。

私たちは火山噴火を体験し、マグマが溶岩円頂丘を形成したり、火砕流を発生することなどを観察してきた。しかし、深成岩のできる様子を直接見ることはできない。現在、地表で深成岩を観察できるのは、地殻変動によって大地が隆起し、その上にあった地層や岩石が風化・侵食作用でけずりとられて、バソリスや岩株のある部分が地表に現れているからである。

b. 玄武岩質マグマの発生と分化　　火成岩や火成作用を理解するためには、

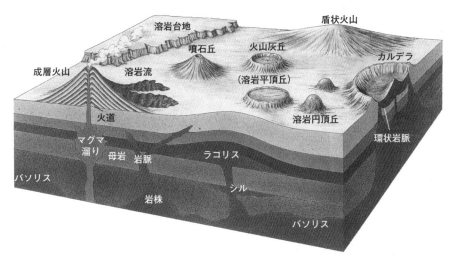

図3.12 おもな火成岩体の形態（西村・松里, 1991）
岩体の大きさは誇張しているので、正確ではない。

マグマの発生にさかのぼって考えることが必要である．マグマの発生と分化は，火成岩の多様性や成因を理解するうえで，最も重要な問題であるからである．

(1) 玄武岩質マグマの発生： 玄武岩質マグマのほとんどは，上部マントルを構成するかんらん岩が部分的に溶けること（部分溶融）によって発生する．このようなマグマが，発生後に化学組成を変化させていないものを初生（本源）マグマとよぶ．

図 3.13 に示すように，地下の温度は深さとともに温度分布の曲線にしたがって上昇し，かんらん岩の溶融開始曲線（無水の場合）に近づくが，点 P 付近を過ぎるとまた離れてゆく．そのため，マントル物質は本質的には固体となっている．しかし理論的には，点 P 付近で図 3.13 に示す 3 つの現象（a，b，c）がおこれば，かんらん岩が溶け始めマグマを発生しうると考えられる．

まず a は，点 P のマントル物質が温度上昇だけによって，かんらん岩の無水の溶融開始曲線をこえる場合である．しかし，この現象は現実の自然界では考えにくい．

次の b は，点 P の物質が圧力低下によって無水の溶融開始曲線を横切る場合である．中央海嶺の下では大規模なマントルの上昇流がおこっているので，これは可能である．すなわち点 P のマントル物質は，その上昇速度が熱伝導度に比べて十分大きければ，ほとんど冷却せずに上昇しうる．つまり温度はほぼ一定で，圧力だけが減少する．その結果，上昇したマントル物質はかんらん岩の無水の溶融開始曲線を横切り，ある深さで溶けだしてマグマを発生する．このような溶け方を減圧溶融という．減圧溶融によって，中央海嶺だけでなくホットスポットにおける玄武岩質マグマの発生も説明される．

一方，上部マントルに H_2O などの揮発性成分が存在すると，鉱物の融点が下がるので，溶融開始曲線は図 3.13 の c で示されるように低下する．そのために点 P の物質は，溶融開始曲線（H_2O 過剰の場合）よりも相対的に高温となり溶けだす．このことは海洋プレ

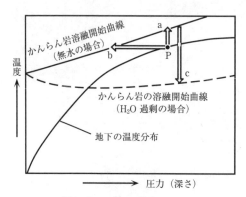

図 3.13 マグマの発生モデル
a：温度上昇，b：断熱上昇による圧力低下（減圧溶融），
c：H_2O の供給による融点降下．

ートの沈み込み帯におけるマグマの発生を示している．これについては，次章（4.3.e 項）で詳述する．

(2) 初生マグマの種類： 上記のようなメカニズムでマントルのかんらん岩が部分溶融して初生マグマを生じるが，その化学組成は多様である．この原因としては，溶けるときの温度や圧力（深さ）の違いのほかに，部分溶融の程度の違いが考えられる．すなわち，かんらん岩はかんらん石や輝石など，複数の鉱物からできているので，融点をこえたときに一度に溶けずに，溶けやすい元素から少しずつ溶けだしてくる．したがって，かんらん岩が部分溶融してできるマグマは，溶融の程度によって化学組成が異なり，すべてが溶けない限りかんらん岩とは異なった化学組成を示す．実験室内でマントルの温度・圧力下でかんらん岩を部分溶融させ，生じる液（マグマ）の化学組成を決定すれば，それを天然の初生マグマの化学組成と比較することによって，その生成条件を推定することができる．

高温・高圧実験の結果（図3.14）によると，上部マントルのかんらん岩が部分的に溶けて液の量が10%のとき，圧力が低いと（たとえば0.5 GPa）石英ソレアイト質マグマが生成されるが，圧力が高いと（たとえば2.0 GPa）アルカリ玄武岩質マグマが生じる．また同じ圧力（たとえば2.0 GPa）でも，液の量が約15%に増えると，かんらん石ソレアイト質マグマとなり，さらに温度が上昇すると液の量も約20%以上となり，ピクライト質マグマが生成される．また，海底に広く分布する海嶺玄武岩をつくるマグマは，1.0 GPa（深さ30数km）で15～20%溶ければ生じることがわかる．ボニナイト質マグマは特殊な初生安山岩質マグマであるが，圧力が低く，液の量が約20%以上に増えると生じうる．

以上のように上部マントルのかんらん岩の部分溶融によって，各種の初生マグマが形成される．これらの初生マグマからどのようにして多様な岩石ができるかについて，以下にのべる．

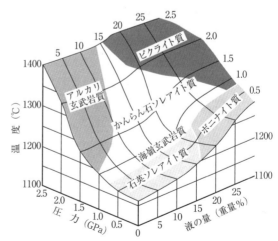

図3.14 初生マグマの種類と部分溶融時の温度・圧力・液の量との関係（Kushiro, 1996, 久城, 1998）

(3) マグマの結晶分化作用: 初生マグマが冷却すると，マグマ中に鉱物が結晶し始める．ソレアイト質なマグマでは冷却温度に応じて，鉱物は図3.15に示すような2つの系列（不連続反応系列と連続反応系列）に分かれて，規則正しい順序で晶出する．晶出した鉱物がマグマ溜りの底に沈積するなどして液体マグマから除去されると，残ったマグマ自身の化学組成は変化する．具体的には，早期に晶出したかんらん石，輝石，Caに富む斜長石が沈積すると斑れい岩をつくり，マグマ溜り上部の残液マグマはSiに富みFeやMgに乏しい安山岩質マグマに変化する．さらに冷却が進むと，マグマ溜りの底には閃緑岩，そして花崗閃緑岩をつくる鉱物が次々に沈積し，それに伴って残ったマグマはデイサイト質から流紋岩質へと変化する．流紋岩質マグマが完全に結晶すると，黒雲母，斜長石，カリ長石および石英からなる花崗岩となる．また，各段階でのマグマが地表に噴出すれば，それぞれの段階で玄武岩，安山岩，デイサイト，流紋岩をつくる．

このように，結晶作用によって初生マグマの化学組成とは異なる分化したマグマが生じ，多様な火成岩を形成しうることを結晶分化作用という．このような考え方は，20世紀初頭にハーカー（A. Harker，イギリス）によって提唱されたが，1922年にボーエン（N.L. Bowen，アメリカ）によって珪酸塩溶融体の実験的研究によって実証された．これは「火成岩の多様性は鉱物と液との間の反応関係に基づいて説明される」という反応原理としてよく知られている．なお，初生マグマが異なれば，そのマグマの化学組成に応じて，鉱物の結晶作用は違ってくる．

(4) 同化作用とマグマ混合: 地殻内では結晶分化作用以外に，同化作用とマグマ混合がマグマ溜りやマグマの上昇中に火道でおこり，さらに多様な火成岩を生じることがある．

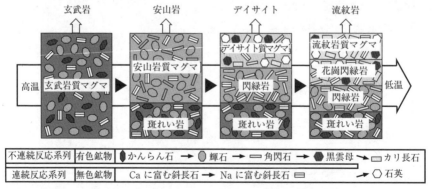

図 3.15 玄武岩質（ソレアイト質）マグマの結晶分化作用

同化作用はマグマが地殻中を上昇する間に周囲の岩石を溶かし込んだり，それと反応したりすることによってマグマの組成が変化することをいう．その証拠としては，火成岩中に見られる捕獲岩や捕獲結晶があげられる．

マグマ混合は化学組成の異なるマグマが混合することによって，その中間組成のマグマが形成されることである．たとえば，玄武岩質マグマとデイサイト質マグマの混合によって安山岩質マグマが形成される．マグマ混合がおこなわれたことは，露頭で観察される不均質な岩相変化や非平衡な斑晶鉱物の組合せなどからわかる．

c. 花崗岩の起源　これまでは上部マントルを構成するかんらん岩の部分溶融によって多様な初生マグマが発生し，それぞれの初生マグマから結晶分化作用などによってさらに多様なマグマが生成されることを学んだ．しかし，地球上に豊富にある花崗岩の起源は，それだけでは説明できない．このような花崗岩（本項では，狭義の花崗岩から閃緑岩までを含む花崗岩質岩石の意味で使用する）の成因は，古くて新しい問題であり，古くから論争の的でもあった．ある人たちは花崗岩を流紋岩質マグマから生じた火成岩であると考え，別の人たちは成分（たとえばSi, Na, Kなど）の移動によってできた変成岩（花崗岩化作用）であると考えた．今日，花崗岩の大部分は火成岩とみなされ，花崗岩バソリスはマグマ溜りそのものと考えられている．花崗岩は大陸地殻を特徴づける岩石であり，その形成過程を知ることは，大陸の誕生・発達史を理解することにつながる．さらに，花崗岩は水惑星地球に特徴的な岩石でもある．

(1) 花崗岩のモード組成による分類：　花崗岩の詳しい分類や命名は，構成鉱物の種類とその量比（モード組成）に基づいておこなわれる．花崗岩には無色鉱物が多いので，三角図に石英，斜長石，アルカリ長石のモード組成をプロットして，区分する方法が1973年に提唱されている（図3.16）．この方法は花崗岩を記載する場合に，最もよく使われる基本的なものである．その後，モード組成だけでなく，鉱物組成や化学組成をもとに花崗岩質マグマの生成に関与した物質に注目して，タイプ区分がなされるようになってきた．

(2) 花崗岩のタイプ区分：　花崗岩のタイプ区分（表3.8）は，1974年のオーストラリアのチャペル（B.W. Chappell）とホワイト（A.J.R. White）によるSタイプとIタイプ花崗岩の提唱に始まる．Sタイプは堆積岩（sedimentary rock）のSをとったもので，白雲母などのAlに富む鉱物を含み，化学組成的には泥質岩とよく似ている．Iタイプは火成岩（igneous rock）のIをとったもので，角

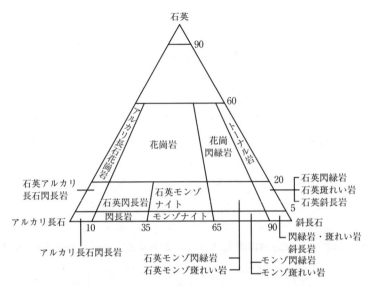

図 3.16 花崗岩質岩石の分類（IUGS Subcommission, 1973）

表 3.8 花崗岩のタイプ区分と特徴

タイプ（提唱者）	特徴（上から下へ，化学組成，特徴的な鉱物，おもな花崗岩質岩石の順に示す）
S タイプ (Chappell and White, 1974)	分子比 $Al_2O_3/(CaO+Na_2O+K_2O)>1.1$，高い K_2O/Na_2O 比 紅柱石，白雲母，ざくろ石，菫青石，珪線石，モナズ石 片状・塊状の花崗閃緑岩～花崗岩，泥質または珪質堆積岩源包有物
I タイプ (Chappell and White, 1974)	分子比 $Al_2O_3/(CaO+Na_2O+K_2O)<1.1$，低い K_2O/Na_2O 比 角閃石，Ca に富む輝石，チタン石 塊状の石英閃緑岩～花崗岩，苦鉄質火成岩源包有物
M タイプ (White, 1979)	I タイプより低い K_2O/Na_2O 比，CaO に富む 斜長石と角閃石に富み，カリ長石や黒雲母に乏しい，チタン石 トーナル岩，トロニエム岩，海洋性斜長花崗岩
A タイプ (Loiselle and Wones, 1979)	Al_2O_3，MgO，CaO に乏しく，FeO，Na_2O，K_2O，Zr，Nb，Y，Ga，REE，F，Cl に富む Ca に乏しい斜長石，アルカリ長石，アルカリに富む角閃石，Fe に富む黒雲母 花崗岩～アルカリ長石花崗岩
磁鉄鉱系 (Ishihara, 1977)	高い Fe_2O_3/FeO 比，Cr，Ni などの親鉄元素に富む 磁鉄鉱，チタン鉄鉱，黄鉄鉱，チタン石，緑れん石 高い帯磁率（$100×10^{-6}$ emu/g 以上）を示す花崗岩～閃緑岩
チタン鉄鉱系 (Ishihara, 1977)	低い Fe_2O_3/FeO 比，F，Rb，Li，Pb，Sn，Be などの親石元素に富む チタン鉄鉱，白雲母，モナズ石，ざくろ石 低い帯磁率（$100×10^{-6}$ emu/g 以下）を示す花崗岩～花崗閃緑岩

閃石のようなCaに富む鉱物を含む花崗岩である．その後，CaOとNa$_2$Oに富み，K$_2$Oに乏しいMタイプ花崗岩と，アルカリ元素，Fなどのハロゲン元素，ZrやNbなどに富むAタイプ花崗岩が識別された．Mタイプはマントル（mantle）のM，Aタイプは非造山性（anorogenic）のAをとったものである．このようにして，Sタイプは泥質岩が，Ⅰタイプは苦鉄質火成岩が，Mタイプはアルカリに乏しい火成岩が，Aタイプはアルカリに富む火成岩が，それぞれの花崗岩質マグマの生成に関与していることがわかってきた．

1977年には，花崗岩の磁性の強さすなわち帯磁率によって，花崗岩を磁鉄鉱系列とチタン鉄鉱系列に区分しうることが，石原舜三によって提唱された（表3.8）．磁鉄鉱系列は，磁鉄鉱を含むために高い帯磁率を示し，酸化的なため鉄がFe^{3+}として磁鉄鉱中に入る．これに対してチタン鉄鉱系列は，磁鉄鉱を含まず少量のチタン鉄鉱を含むだけなので低い帯磁率を示し，還元的なため鉄がFe^{2+}としてチタン鉄鉱や苦鉄質鉱物に入る．Sタイプ花崗岩の大部分はチタン鉄鉱系列に属するが，Ⅰタイプ花崗岩は磁鉄鉱系列に属するものとチタン鉄鉱系列に属するものとがある．

(3) 花崗岩質マグマの発生： 花崗岩の大部分は大陸地殻あるいは造山帯に分布している．このことは花崗岩質マグマの発生が大陸地殻の存在と密接に関係していることを示している．

大陸地殻の下部は玄武岩質あるいは安山岩質の岩石からなり，上部マントルのかんらん岩に比べてかなり融点が低い．上部マントルで発生した高温の玄武岩質マグマが下部地殻まで頻繁に上昇してくると，下部地殻が溶かされ，大量の花崗岩質マグマが形成される（図3.17(a)）．花崗岩にはしばしば少量の斑れい岩や閃緑岩が伴われるが，これは花崗岩質マグマと同時に共存したと考えられる玄武岩質マグマの存在を示しており，この考え方を支持している．一方，沈み込む海洋プレートそのもの（海洋地殻）が溶けだしても，花崗岩質マグマは発生する（図3.17(b)）．

花崗岩は地球史をつうじて生産されているが，大陸地殻の下部が溶融してできた花崗岩は原生代（25億年前以降）に多く，海洋地殻が直接溶けてできた花崗岩は太古代（25億年前以前）に多い．この原因は，太古代にはマントルの温度が高く，地温勾配も高かったが，その後は徐々に冷却し，海洋地殻を溶かすほどには地温勾配が高くなかったためと考えられている．しかし顕生代（5.41億年前以降）でも，沈み込む海洋プレートが高温であるような場合には，海洋地殻の玄

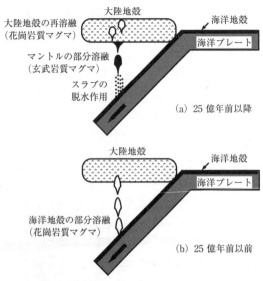

図 3.17 花崗岩質マグマの形成モデル（有馬，1994）

武岩が溶融して，花崗岩質マグマを発生させることもある．

いずれの場合も花崗岩質マグマが形成されたときに重要なのは，十分な水の存在である．ここでいう水とは遊離している流体だけでなく，黒雲母や角閃石のような含水珪酸塩鉱物に水酸イオン（OH^-）の形で含まれるものもいう．水は珪酸塩の化学結合を切り，融点を下げる働きをするので，低温でも大量のマグマの生成が可能となる．水のない金星に花崗岩の存在は知られていない．その意味でも，花崗岩は水惑星地球を特徴づける岩石といえる．

3.5 堆積岩と堆積作用

a. 堆積物と続成作用　堆積岩は地球表面の環境で，堆積した物質が固結したものである．その物質は岩石や鉱物の破片，生物の骨格や殻などの遺骸，火山砕屑物などの地表でできた細かなばらばらの粒子をさす．このような粒状物質が，重力のもとで地形的に低い場所へ運ばれ，堆積したものを堆積物という．

堆積作用が進むにつれて，下部にある堆積物は上部の堆積物の加重による圧密をうけ，粒子間に含まれていた水分がしぼり出され，構成粒子が堆積面に平行に並ぶ．また，水に溶けていた二酸化珪素（SiO_2）や炭酸カルシウム（$CaCO_3$）などがセメント物質として粒子間に沈殿したり，粘土鉱物や方解石などが新しくできて構成粒子を結びつけたりする（図 3.18）．堆積物はこのようにして固結し，堆積岩となる．このような固化の過程を続成作用という．続成作用は地表条件に近い低温低圧のもとでおこるが，さらに地下深くなると周囲の温度と圧力が高くなって，構成物質の再結晶を伴う変成作用に移行する（3.6 節参照）．

b. 堆積岩の分類と命名法　堆積岩は堆積物の性質や起源に基づいて，砕屑

性堆積岩，生物的堆積岩，化学的堆積岩の3つの小グループに分けられる（表3.5参照）．

(1) **砕屑性堆積岩**： 地表に露出した岩石は，表面が風化や侵食作用をうけて，岩石の破片や鉱物の粒子となる．これらを砕屑物という．砕屑物は大気や水の働きで，水底や陸上の低い場所に運ばれ，そこで沈積・固結して砕屑性

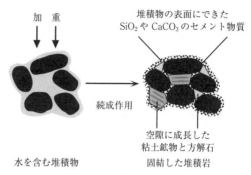

図 3.18 堆積物の続成作用

堆積岩（砕屑岩）をつくる．その大部分は水底とくに海底でできるが，砂漠で形成される風成砕屑岩や，氷河の働きによってできる氷成砕屑岩も含まれる．

砕屑物および砕屑性堆積岩は，構成物質の粒度によって，表3.9のように分けられる．しかし，実際の野外で見られる例では，一般にいろいろな大きさの砕屑物が混じりあっている．たとえば，礫層では礫ばかりでなく，礫と礫との間はより細粒な砂や泥がうめているし，砂層でも泥を含むのがふつうである．これらが固結したものをそれぞれ礫岩，砂岩，泥岩などとよぶ．表3.9の礫と角礫の違いは，丸みのあるものを礫，角ばっているものを角礫という．泥岩と頁岩の違いは，縞模様がほとんどなければ泥岩とよび，縞模様があれば頁岩という．火山灰などが砕屑物のなかに混入し，その量が少なければ，砕屑性堆積岩の岩石名の前に凝灰質をつけて，凝灰質砂岩などという．

(2) **生物的堆積岩**： 生物的堆積岩は生物の遺骸などでつくられた岩石であり，いわば化石だけで構成された岩石といえる．生物の遺骸は生物の生理作用によって，もともと水中に溶解していた元素（Ca，Si など）が組織のなかにとり込まれ，殻や骨格など体の一部として固定されたものである．

海生生物のサンゴ類，フズリナ類，海ゆり類，石灰藻類などの遺骸は，主として $CaCO_3$ でできており，石灰岩を形成する原材料となる（図 3.19）．放散虫類や珪藻類などの遺骸は，おもに SiO_2 からなり，チャートや珪藻岩をつくる．また，陸生シダ植物や種子植物の遺骸は，主としてセルロースなどの炭質物で構成され，石炭をつくる原材料となる．石灰岩は大陸棚以

表 3.9 砕屑物と砕屑性堆積岩の分類

粒 度	砕屑物	砕屑性堆積岩
2 mm 以上	礫，角礫	礫岩，角礫岩
2～1/16 mm	砂	砂岩
1/16 mm 以下	泥	泥岩，頁岩

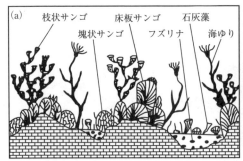

図 3.19 過去のサンゴ礁中の生物 (a) と海ゆり石灰岩 (b：実物大，西村・松里, 1991)

浅の水底や海底火山丘頂部の浅海底で，チャートは大洋底などの深海底で，石炭は陸上の湿原や湖底で，それぞれ形成されることが多い．石油は海生プランクトンの有機成分で構成されたもので，一般の岩石のように固結していないが，生物的堆積岩に分類される．

　生物的堆積岩ができるのは，生物の骨格や殻などの遺骸が短期間に多量に生産され，しかも生活していた場所と堆積する場所とがほぼ同じで，陸地からの砕屑物の供給が少ないなどの環境条件がみたされた場合である．サンゴ礁で石灰岩が形成されるのは，その代表的なものといえる（図 3.19）．

　(3) 化学的堆積岩： 海水や湖水に溶けていた物質が，化学的に沈殿したり，水分が蒸発したりして形成された岩石を，化学的堆積岩という．代表的なものは，海水が蒸発してできた岩塩や石こうである．石灰洞内で化学的にできた石灰岩の二次生成物の鍾乳石や石筍などもこれに属するが，その規模は小さい．

　c. 堆積岩の二大原理 堆積岩はある広がりをもつ地層を形成し，そのなかに化石を含んだり，堆積構造を留めたりしている．これらの性質を利用すると，過去の地層のできた条件，年代，環境などを復元することができる．地層に関しては，2つの大きな原理が提唱され，地史学を発展させてきた．

　(1) 地層累重の法則： 水や大気の働きで運ばれた堆積物は，横方向への運搬力が失われると，重力によってその場に沈積し，地層をつくる．その成層した面を層理面または地層面という．このような堆積作用が次々におこると，ひと続きの地層が積み重なり，下の地層ほど古く，上の地層ほど新しいという関係ができあがる．このような累重の順序と年代の前後関係が成り立つことを地層累重の法則といい，19世紀初頭にスミス（W. Smith，イギリス）によって，次にのべる地層中の化石内容とも関係づけて確立された．したがって，層理面は同じ時間面

を示すが，地層の積み重なり順序は時間の経過方向を意味している（口絵3）．

(2) 地層同定の法則： 堆積岩はしばしば化石を産出する．化石は過去の生物の遺骸または遺跡が，地層のなかにうめられ，石化して保存されたものである．ある特定の種類の化石生物は限定された時代にだけ生存していたので，地層が世界のどこに分布していても，その地層中に産出する化石内容が同じであれば，同じ時代の地層であると認定することができる．これを化石による地層同定の法則といい，19世紀初頭にスミスによって，地層累重の法則とともに確立された．

このようにして，堆積岩に含まれる化石によって生物界の歴史が編まれ，さらに古生代，中生代，新生代などの地質年代の区分も19世紀中ごろにはできあがっていた（後見返しの顕生代年代表を参照）．化石は地層の新旧関係（相対年代：5.1.b項参照）を示すだけでなく，現在の生物の生態との比較から，その地層ができた当時の環境（古環境）や気候条件（古気候）をも解き明かすための手がかりを与える．19世紀当時には，肉眼で観察される大型化石が研究の主体であったが，20世紀末以降では電子顕微鏡でしか観察できない微化石の研究もなされている（図3.20）．

d. 付加体の形成 図3.21に示すように，海洋プレートの沈み込みが始まる海溝周辺部では，陸地からもたらされる陸源堆積物（泥岩，砂岩）と海洋プレートに由来する海洋性玄武岩や遠洋～半遠洋性堆積物（チャート，礁石灰岩，珪質泥岩）が複雑に混在し，特殊な堆積岩複合体を形成する．これらの堆積岩複合体はプレートの沈み込み運動に伴って，海溝陸側斜面の底へ上から下へ順次つけ加えられてゆくと考えられる．このようにして形成される地質体のことを付加体とよぶ．これらのほとんどは堆積岩であるが，海溝付近での混在化によって本来の堆積時期よりもあとで，かつ異なる順序や場所で積み重なっている．

(1) 海洋プレート層序： 海洋プレートの表層部（海洋地殻）は中央海嶺で玄武岩（枕状溶岩）や斑れい岩として誕生し，海底を1年

図3.20 大型化石（a：西村・松里，1991）と微化石（b：Nishimura and Isozaki, 1986）
(a) アンモナイト（ジュラ紀最前期，約1.9億年前），(b) 放散虫（ジュラ紀後期，約1.5億年前）．

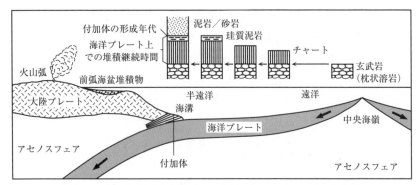

図3.21 付加体の形成と海洋プレート層序（Isozaki et al., 1990 を改変）

に数 cm の割合で移動して，海溝で沈み込み消滅する（2.5.b，4.5.a 項参照）．その移動の過程では図 3.21 に示すように，玄武岩の上には遠洋域でチャートが，半遠洋域では珪質泥岩が累積し，さらに海溝付近では陸源の泥や砂が堆積して泥岩と砂岩ができる．このような一連の岩石と地層の累重関係を海洋プレート層序という．その堆積作用そのものは地層累重の法則にしたがっている．チャートとよばれる珪質でち密な岩石は，珪質な殻をもつ放散虫（プランクトン）の遺骸からできており，長い堆積期間を示すことが多く，その堆積速度は 1000 年に数 mm といった非常に遅いのが特徴である（図 1.7 参照）．これに対して，海溝域で堆積する陸源砕屑岩のグループは，非常に短い堆積期間と速い堆積速度とを示すことが多い．

　海洋プレート層序において，チャートと珪質泥岩（海洋性堆積物）が泥岩と砂岩（陸源堆積物）におおわれる層準の年代は，付加体の形成年代を近似する．また，チャートの下限と珪質泥岩の上限との年代差は，海洋プレート上での堆積継続時間，すなわち海洋プレートが中央海嶺から海溝まで移動するのに要した時間を意味している（図 3.21）．

(2) 過去の付加体の復元された層序： 陸上に露出する過去の付加体は，野外ではメランジュあるいはオリストストロームとよばれる混在岩相として観察されることが多い．不均質な泥質岩のなかには，いろいろな大きさのチャート，石灰岩，緑色岩（海洋性玄武岩の変成したもの），砂岩などのブロック状ないしレンズ状岩塊（オリストリス）が含まれている．また，チャートなどはしばしば巨大な板状岩体（長さ数 km，幅数百 m）として産出し，同じ堆積年代の部分が層理面に平行な断層で何度もくり返して累重（覆瓦状構造）することもある．このよ

うな複雑な内部構造が，付加体の大きな特徴である．そのために付加体内部では，海洋プレート層序がこわされ，堆積岩の基本原理である地層累重の法則が成立していない部分が多い．

コノドントや放散虫などの微化石研究と放射年代測定との進展によって，複雑な付加体構成物質の堆積年代と付加作用に伴う変成年代とが解析できるようになり，陸上に露出する過去の付加体の層序が復元できるようになった．図3.22にその1例を示す．混在していた付加体構成物質は下から上へ，緑色岩に始まり，海洋プレート上での堆積作用の産物とみなされるチャートから珪質泥岩を経て，陸源砕屑物としての泥岩と砂岩に至る一連の層序をなしている．これは先にのべた海洋プレート層序とよく一致している．また，最上部の泥岩からはジュラ紀中期初頭（約173 Ma）の放散虫化石が産出しており，泥質岩中の再結晶白雲母の放射年代として155 ± 10 Ma（Ma＝百万年前）が測定されている．したがってこの付加体（玖珂(くが)層群ユニットII）は，最上部の化石年代と放射年代との差，約1800万年の間に海溝での混在化がおこりオリストストロームを形成し，その後に付加作用に伴う弱い変成作用をうけてスレートから千枚岩へと変化したことを物語っている．

このような付加体の考え方や研究手法は，1980年代に日本人研究者によって世界に先駆けて確立され，急速に進展した．その結果として，日本列島の骨格をなす古生代から中生代に至る地質体の大部分は，過去のプレート沈み込み境界で形成された付加体で構成されていることが指摘され，日本列島の形成史が大きく書きかえられてきた（5.5，5.6節参照）．

3.6　変成岩と変成作用

a. 変成作用の2つの要素　既存の岩石が最初に形成されたときとは違う温度，圧力，その他の外的条件のもとに長い

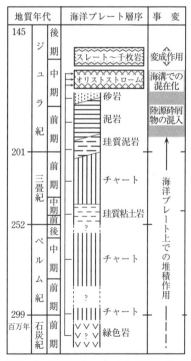

図3.22　玖珂層群ユニットIIの海洋プレート層序と変成年代（高見ほか，1990を改変）

期間おかれると,この新しい条件に応じて鉱物組成,組織,化学組成などに変化がおこる.この変化が変成作用であり,変成作用をうけた岩石が変成岩である.既存の岩石は火成岩でも堆積岩でもよいし,また変成岩そのものでもよい.変成作用には,性質の異なる2つの要素がある.その1つは固体の岩石中に新しい鉱物ができる変成結晶作用であり,もう1つは外力による岩石の変形作用である.これらの要素は互いに関連しあい,その影響の程度ともとの岩石の性質の違いによって,いろいろな種類の変成岩が形成されている.これら2つの要素を解析することによって,地球がうけた変動の様子を知ることができる.

(1) 変成結晶作用: 岩石が変成結晶作用(再結晶作用ともいう)をおこすには,いくつかの原因がある.そのなかでも,温度と圧力の変化が最も重要な要因である.図3.23に示すように,変成結晶作用は地表付近の温度ではおこらず,100℃くらいの温度が長いあいだ持続するとある程度おこり始め,300℃をこえると広く進行する.さらに,温度が上昇して600~900℃に達すると,変成されつつある岩石は部分的に溶け始める.しかし,1000℃になっても溶けない岩石もある.溶けたものはマグマであり,それが冷却・固結すれば,火成岩になる.したがって,変成結晶作用はすべて固体の岩石中でおこる現象であり,低温下では堆積岩をつくる続成作用に移化し,高温下ではマグマの生成(火成作用)につながっている(図3.23).

(2) 昇温期変成作用と降温期変成作用: 低い温度でおこる変成結晶作用では,一般に水酸イオン(OH^-)や水(H_2O)を含む鉱物(たとえば,パンペリー石:$Ca_4(Fe, Mg)Al_5Si_6O_{23}(OH)_3 \cdot 2H_2O$,緑泥石:$(Mg, Fe, Al)_{12}(Si, Al)_8O_{20}(OH)_{16}$など)が生じやすく,その鉱物の粒度も小さい.変成温度が高くなると,脱水・脱ガス作用を伴う鉱物間の化学反応が進むので,より高温で安定な無水の鉱物(たとえば,ざくろ石:$(Mg, Fe, Mn)_3Al_2Si_3O_{12}$,珪線石:$Al_2SiO_5$など)が形成される.その結果として,水蒸気($H_2O$)や二酸化炭素($CO_2$)が放出され,鉱物粒も全体に大きくなる.このような変成温度の上昇に伴って,変成結晶作用が進み,脱水・脱ガス反応が進むような変化を昇温期変成作用という(図3.24).これとは逆に,変成作用の温度がピークに達したあとで下降し始め

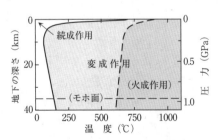

図3.23 変成作用のおこる領域と続成作用や火成作用との関係

ると，形成された鉱物はより低い温度で安定な鉱物に変化しようとする．これを降温期変成作用という．しかし，降温期変成作用はすでに岩石からH_2OやCO_2が放出しているので，もとの条件とは異なるため，実際にはほとんどおこらない．このようにして変成岩中には，変成温度が最高に達したときに形成された変成鉱物の組合せが保存されているのがふつうである．

(3) **鉱物分帯**： ある広がりをもつ変成地域は，変成鉱物が新しく出現し始める線など（アイソグラッド，isograd）を地図上にひくことによって，いくつかの地帯に分けることができる（図3.25）．これを鉱物分帯という．変成地域が分帯されることは，変成作用の温度（圧力）が一定の方向に向かってしだいに上昇（または下降）していることを意味している．そういう変成作用を累進変成作用という．このような鉱物分帯は，バロウ（G. Barrow，イギリス）によって19世紀末にスコットランド高地で初めて試みられた（図3.25）．その後，鉱物分帯は世界の多くの変成地域でおこなわれ，重要な研究手法の1つになっている．

(4) **変形作用**： 岩石に外力が働くと，岩石中に応力が生じ，それに応じて変形がおこる（4.6.a項参照）．比較的低い温度と圧力のもとでは，脆性破断が生じる．鉱物粒は破壊されたり，鉱物間のすべりや細粒化がおこり，カタクラスティック組織を生じる．もっと温度や圧力が高くなり，粒間溶液が作用すると破断しないで塑性変形をおこす．このとき岩石中には，板状あるいは柱状の鉱物が平行に並んだ片理または片状組織，有色鉱物の多い縞目と無色鉱物の多い縞目とが交互に重なった片麻状組織，あるいは岩石があめのように曲がった褶曲も形成される．このような変形作用によって，変成岩のおも

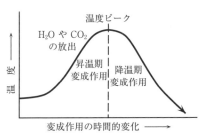

図3.24 1つの岩石における変成温度の時間的変化

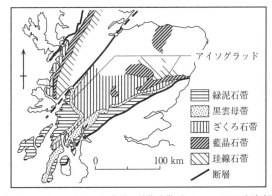

図3.25 スコットランド高地の鉱物分帯（Johnson, 1963を改変）

な組織が形成される.

b. 変成岩の分類と命名法　変成岩は変成作用の種類に基づいて，広域変成岩，接触変成岩，大洋底変成岩の3つの小グループに分けられる（表3.5参照）. 各小グループ内では，変成岩の組織と原岩の性質とが，区分の基準に用いられる. 組織による泥質変成岩の分類では，変成温度の上昇とともに移り変わる岩型の変化，すなわちスレート（粘板岩）→千枚岩→片岩→片麻岩という岩型名が使われる. またこれらとは別に，角閃岩やホルンフェルスなどの岩型名も用いられる. 原岩の化学的性質としては，泥質，珪長質，珪質，石灰質，苦鉄質（塩基性）などに区分される. これらを組み合わせて，岩石名がつけられている. さらに鉱物組成を加味して，より詳しく表現することも多い. たとえば，泥質岩起源で片状組織をもつ変成岩は，泥質片岩とよばれる. また，特徴的な鉱物名をつけて，ざくろ石泥質片岩ということもある.

c. 変成作用の種類と特徴　地球科学的な場所に注目すれば，変成作用は広域変成作用，接触変成作用および大洋底変成作用に大別される（図3.26）.

(1) 広域変成作用：　ヒマラヤ山脈のような大山脈や，日本列島のような島弧およびアンデス山脈のような陸弧は，造山帯とよばれる. 前者は大陸プレート同士の衝突するところで（図3.26には示されていない），後者は海洋プレートが大陸プレートの下に沈み込むところで，それぞれ形成されたものである（2.5.c項，4.5節参照）. そのようなところに集積した堆積物や岩石は，強い圧縮力をうけ

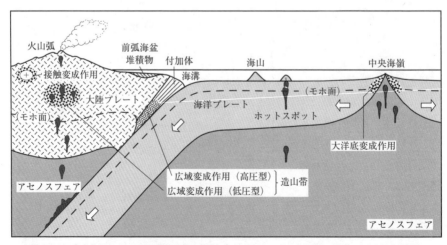

図3.26　変成作用のおこる地球科学的な場所（Miyashiro, 1972と西村・松里, 1991から編図）

て，複雑な地質構造を形成するようになる．地下深所にもち込まれると，温度と圧力が高くなり変成結晶作用が進むため，もとの鉱物組成や組織を失い性質が変わってしまう．この作用は広い範囲におよぶことから広域変成作用とよばれ，それによってできる岩石を広域変成岩という．その多くは片状組織や片麻状組織のよく発達した片岩や片麻岩である．広域変成岩は造山帯の中央部に露出し，その伸長方向にほぼ平行して細長く分布している．このような地帯は広域変成帯とよばれ，長さ数百 km またはそれ以上も続くのがふつうである（図 3.29 参照）．

(2) 接触変成作用： 温度の高い火成岩体が地殻の上部に貫入すると，それに接する幅数百 m の範囲に分布する岩石は，温度が上昇して変成結晶作用をおこす．この現象を接触変成作用という（図 3.27）．接触変成作用は温度の上昇がおもな原因であり，一般に変形作用を伴わない．そのため接触変成岩中の鉱物は定向性をもたず，ほぼ等粒状のモザイク組織を示す．このような岩石をホルンフェルス（hornfels）という．接触変成作用はその原因が明らかであり，そのおこる地域も狭い．しかし，接触変成岩は各所に産出している．

(3) 大洋底変成作用： 1960 年以降，海底の研究が進むにつれて，大西洋中央海嶺やそのほかの海底から，いろいろな種類の変成岩（後述する低圧型の沸石相～グラニュライト相に相当）が発見されてきた．これらは玄武岩や斑れい岩を原岩とし，その原岩組織をよく保存しており，ほとんど方向性をもたない．このようなことから，中央海嶺で新しく火成岩として生まれた玄武岩や斑れい岩が，そこの高い地殻熱流量と熱水循環とのために，その場所で変成結晶作用をうけたものと考えられる．これを都城秋穂は大洋底変成作用とよんだ（Miyashiro, 1973）．こうして形成された大洋底変成岩は，海底の拡大によって海洋プレートが側方に移動するために，海底に広く分布するだけでなく，造山運動のために陸上にも現れることがある．オフィオライト（ophiolite）とよばれる岩石群の多くが，これに相当する．

d. 変成岩の温度と圧力による分類 上でのべた変成岩の分類（b 項）や変

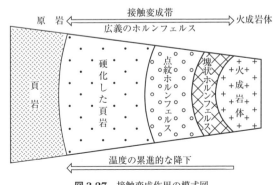

図 3.27 接触変成作用の模式図

成作用の種類（c項）とは別の概念として，すべての変成岩を温度と圧力の違いに基づいて分類することができる．それはふつうの岩石が変成作用をうけると，その変成作用の温度と圧力に応じて化学反応が進み，ある特定の新しい変成鉱物の組合せを生じる，という考え方（熱力学的な化学平衡論）に基づいている．

(1) 変成相： 同一の温度と圧力のもとでできた変成岩は，その化学組成が同じであれば同一の鉱物組合せを示し，化学組成が異なれば一定の規則にしたがって鉱物組合せも変化するはずである．変成岩（とくに，苦鉄質岩起源）に含まれる変成鉱物の組合せを調べれば，変成作用の温度・圧力条件を推定することができる．このことからエスコラ（P. Eskola, フィンランド）は1939年に，ある一定の温度と圧力の範囲のもとで変成したと考えられるすべての変成岩を1つの変成相に属すると定義し，8個の変成相を提唱した．その後，修正追加されて現在では，11種類の変成相が広く使用されている．個々の変成相の名称やその温度と圧力のおおよその範囲を，図3.28に模式的に示す．

(2) 変成相系列： 変成相の原理が鉱物分帯と結びつけられた結果，1つの変

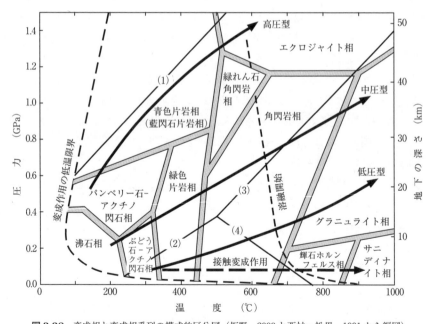

図3.28 変成相と変成相系列の模式的区分図（坂野，2000 と西村・松里，1991 から編図）
(1) ひすい輝石＋石英＝曹長石（Popp and Gilbert, 1972），(2) 藍晶石＝紅柱石（Holdaway, 1971），
(3) 藍晶石＝珪線石（Holdaway, 1971），(4) 紅柱石＝珪線石（Holdaway, 1971）．

成作用または変成地域はいくつかの変成相から構成されることが明らかにされ，変成相系列（相系列）という概念が都城秋穂によって1961年に提唱された．彼は世界各地の広域変成帯の累進変成作用を比較・検討して，低圧型，中圧型，高圧型という3つの変成相系列に区分できることを明らかにした（図3.28, Miyashiro, 1961, 1972）．これを圧力型ともいう．圧力型の典型的な例は，低圧型が領家変成帯，中圧型がスコットランド高地，高圧型がカリフォルニア海岸山脈や三波川変

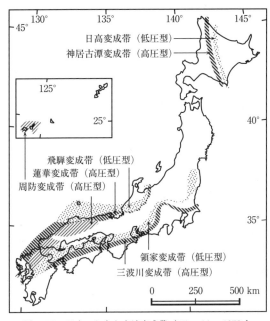

図3.29　日本のおもな広域変成帯（Miyashiro, 1972と Nishimura, 1998から編図）

成帯に認められ，環太平洋地域には低圧型と高圧型が「対の変成帯」となっていることも，都城によって指摘された（図3.26，3.29参照）．

　(3) **日本のおもな広域変成帯**：　日本の主要な広域変成帯の分布とその圧力型を図3.29に示す．西南日本には，列島の伸びにほぼ平行して，5つの広域変成帯が分布している．とくに高圧型変成帯として，約3億年前の変成年代をもつ蓮華変成帯，約2億年前の周防変成帯，そして約1億年前の三波川変成帯（後見返しの顕生代年代表）が，北から南へ配列していることから，日本列島は約1億年周期の海嶺沈み込みを伴う造山運動によって，成長・発展してきたと考えられるようになった（5.6.b項参照）．なお，低圧型の領家変成帯と高圧型の三波川変成帯は，「対の変成帯」としてよく知られている．三波川変成帯は1.2～1.1億年前と0.65～0.55億年前とに区分されることが提唱されている（Aoki et al., 2008）．

　(4) **超高圧変成岩**：　1980年代以降，コース石やダイヤモンドあるいはそれらの仮像を含む変成岩が，アルプス山脈，ウラル山脈，中国東部，ノルウェー西海岸などから発見されている．コース石は石英の，またダイヤモンドは石墨の，それぞれ高圧側の多形（3.2.d項参照）であり，それらの安定領域は図3.30に示

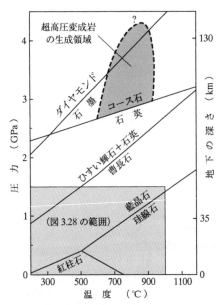

図 3.30 超高圧変成岩の生成領域（坂野ほか，1997を簡略化）

されるように，3 GPa 前後あるいはそれ以上とみなされている．またそれらほとんどの産地は，大陸と大陸とが衝突して山脈を形成している場所（大陸衝突型造山帯，4.5.b 項参照）である．これらのことから，このような変成岩は超高圧変成岩とよばれ，大陸地殻あるいは海洋地殻の岩石が地下 100 km 以上の深さで超高圧変成作用をうけ，地表に上昇してきたものと考えられている．その上昇過程では，角閃岩相やグラニュライト相（図 3.28 参照）の低圧型変成作用を重複してうけている．したがって，超高圧変成岩は大陸衝突型造山帯の形成機構や地下構造を解明するうえで重要な情報源になっている．

4. 地殻の変動と進化

　日本列島のような造山帯の上にすんでいる私たちにとって，とくに近年活発になってきている地震や火山の活動は大変身近なものであり，それらに伴う災害の恐怖にさらされている．一方において，たとえば火山は地熱発電，温泉，美しい風景などをもたらす．プラスとマイナスの両面があるにせよ，これらの活動をとおして，私たちは地球が生きているという実感を，少なからずえることができる．また，ヒマラヤやアルプスの大山脈を目にしたとき，誰もが地球のダイナミクスを感じるであろう．地球表層部でおきているさまざまな変動は，地殻やマントルの変動と進化に依存する．本章では，地球のダイナミックな営みについて，マントルを含む地球規模のスケールから地殻表層部のスケールに至るまで，具体例をあげながら解説する．

4.1　大陸移動説からプレートテクトニクスへ

a.　大陸移動説とマントル対流説　　気象学者ウェゲナー（A. Wegener, ドイツ）は，大西洋をはさんだアフリカと南アメリカの海岸線の形に注目し，大陸棚にそって2つの大陸を合わせると，ちょうど破れた新聞紙を継ぎ合わせるようにぴったり合うという，大陸移動の大きな問題に挑戦した．彼は大西洋をはさんだ2つの大陸の両方に，海を渡ることができない動物や植物の同じ種類の化石が発見され，それらはよく似た進化を遂げているということを，大陸移動の重要な根拠としてあげた．しかし，この点について古生物学者の間には，大陸移動という考えは生まれず，陸橋説だけが唱えられていた．

　ウェゲナーは1912年に大陸移動説を学会で発表し，1915年にはそれをまとめて『大陸と海洋の起源：Die Entstehung der Kontinente und Ozeane』の初版を刊行して，改訂を加えながら亡くなる前年の1929年に第4版を出版した．それによると，約3億年前の石炭紀末期ごろは，6つの大陸すべてがつながっていたと推測されている．この昔の地球の巨大な大陸を，"すべての大地"を意味するギリシャ語をとってパンゲア（Pangaea, Pangea）とよんだ．パンゲアは約2億年前に分裂を始め，大陸破片が離れて現在みられるような大陸分布になったと考えた（図4.1）．そのなかで，大陸分裂の重要な根拠として，南半球とインドに

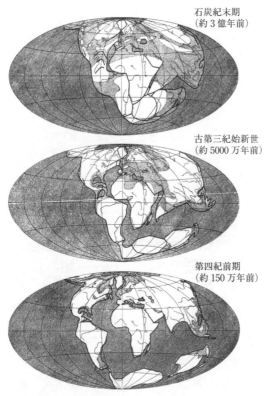

図4.1 パンゲアの分裂と大陸移動（Wegener, 1929）
陸地内の砂点部は浅い海を示す．アフリカを不動点として描かれている．

おける石炭紀〜ペルム紀の氷河堆積物の分布をあげている．すなわち，パンゲアを考えなければ，当時の気候として赤道の近くまで極気候があったことになり，それは不合理であるからである（図4.2）．また，彼は山脈のでき方についてものべていて，移動してゆく大陸の先端が何かに衝突すると，そこの地層が褶曲して大きな山脈になると説いた．現在広く受け入れられているこの大陸衝突型造山運動の基本的な考えは，偉大な先見であったといえよう（4.5.b項参照）．さらに，彼は大陸を動かす原動力として離極力（地球の赤道部分の出っ張りに起因する力）と潮汐摩擦力を考えた．しかし，それらは大陸を動かすほど大きなものではないと，地球物理学者から批判された．

ウェゲナーの大陸移動説は1920年代に大論争をまきおこしたが，ほとんどの科学者からとっぴな思いつきとして退けられた．しかし，少数ではあったが，彼の説を支持する学者もいた．その代表者の1人，地質学者ホームズ（A. Holmes, イギリス）は1928年に，大陸を動かす原動力としてマントル対流説を提唱（図4.3）し，ウェゲナーの仮説を補強した．マントル対流説は有望視されてはいたものの，反対派の大勢におされてしまったようである．しかし，約30年後には復活し，その後の地球科学に大きな影響を与えるようになった．

b. 古地磁気学による大陸移動説の復活　1930年，ウェゲナーはグリーン

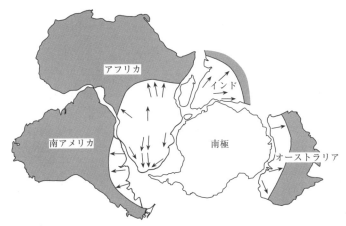

図4.2 古生代後期の氷河分布（Condie and Sloan, 1997 から編図）
矢印は氷床の移動方向を示す．

ランドの気候調査隊の隊長として旅立ち，探検中に氷原のなかで凍死し，帰らぬ人となった．間もなく始まった第二次世界大戦のなか，大陸移動説は学界から影をひそめてしまった．しかし 1950 年代になると，古地磁気学の研究によって大陸移動説が復活するのである．

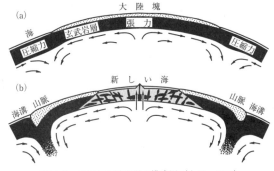

図4.3 マントル対流説の模式図（上田，1971）

(1) 残留磁気と極移動経路： 磁性鉱物（磁鉄鉱，赤鉄鉱など）を含む岩石の帯磁方向を測定すれば，その岩石が生成した当時の地球磁場（古地磁気）の方向を決めることができる．というのは 1.3.b 項でのべたように，火山岩には熱残留磁気として，堆積岩には堆積残留磁気として，古地磁気が保存されているからである．

残留磁気の測定には，敏感な磁力計が用いられる．岩石の磁性が測定されると，その方向からその岩石が生成したときの地球上での位置を知ることができる．それには，2, 3 の仮定が必要になる．平均的な地球磁場は，地球の中心に棒磁石

を置いたときのような，双極子磁場をなす（図1.9参照）．世界中から集められた500万年より若い岩石の残留磁気の測定値から求めた平均的な磁極は，北緯88.8°のところにあって，誤差の範囲内で現在の北極に一致している．したがって，過去においても磁極の平均的な位置は，地理学的極に一致していたと仮定することができる．そうすると，ある地質時代にできた岩石の位置を表す緯度（θ）は，その岩石の残留磁気の伏角（I）を測定することによって，$\tan I = 2 \tan \theta$ という式で求められる．また，そのときの磁極の方向は，偏角によって示される．

1950年代の半ばにイギリスの研究者たちは，ヨーロッパに産する先カンブリア時代から現在までの岩石の残留磁気を測定して，各時代の磁極の位置が地図上であるコースにそって系統的に移動していることを明らかにした（図4.4 (a)）．もし，各時代における磁極の位置が現在と同じように1つしかないならば，測定された磁極の位置はすべて地図上の1点に集中するはずである．したがって，磁極が図4.4 (a) のようなコースを描くことは，磁極の位置かあるいは大陸のいずれかが，移動したことを示すものである．これを見かけの極移動経路という．

さらに，北アメリカ大陸について描かれた極移動経路は，ヨーロッパのものから系統的に少しずれているが，大西洋を閉じるように北アメリカ大陸を反時計まわりに約40°回転すると，ヨーロッパのものにほぼ重なってしまう（図4.4 (b)）．三畳紀以降の両経路のずれは，三畳紀から北大西洋が開き始めたことを示すと考えられる．こうして1950年代末には，ウェゲナーとは別の観点から，大陸移動が証拠づけられることになった．その後，南半球の諸大陸における古地磁気も測定された結果，諸大陸間の極移動経路の不一致は，ゴンドワナ大陸（図5.6，後見返しの地球史年表を参照）にまとめれば解消できることがわかってきた．

(2) 地球磁場の逆転： 地球磁場の逆転に関する考えは20世紀初頭からすでに現れているが，1929年における松山基範の研究は，岩石の残留磁気をその生成年代に結びつけたという点で画期的なものであった．彼は日本およびその周辺の玄武岩の残留磁気を多数測定して，現在の磁場にほぼ平行に磁化したものと，逆方向に磁化したものとの2つのグループが存在することを明らかにした．そして，逆方向に帯磁した玄武岩の年代を考慮して，更新世のある時期（70〜80万年前）に地球磁場が逆転したことがあると結論した．もしそうであれば，逆転は地球上で同時におこるので，その時代の岩石はすべて同じように逆方向に帯磁しているはずである．1950年代からアメリカ地質調査所などが中心になって，鮮新世（約500万年前）以降の地上の岩石に対する放射年代と残留磁気を結びつけ

4.1 大陸移動説からプレートテクトニクスへ

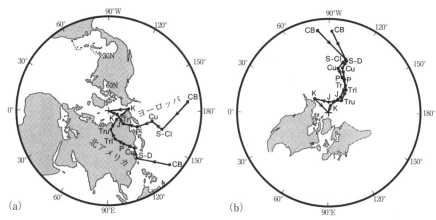

図4.4 極移動と大陸移動(McElhinny, 1973)
(a) 北アメリカとヨーロッパから求めた極移動曲線.(b) 大陸移動説に基づいて北大西洋を閉じた場合,両曲線が一致する.CB:カンブリア紀,S:シルル紀,D:デボン紀,C:石炭紀,P:ペルム紀,Tr:三畳紀,J:ジュラ紀,K:白亜紀.(l:下部,u:上部).

る研究が精力的におこなわれた.

1963年にコックス(A. Cox,アメリカ)たちが初めて地磁気逆転の年代尺度を発表して以来,深海堆積物のボーリングコアのデータも加えて改良が重ねられ,450万年前以降の周期的な地磁気逆転の歴史を示す地磁気年代尺度がつくられた(図1.11参照).その後地磁気年代尺度は,あとでのべる海底における地磁気異常の縞模様を利用することによって,約1億7000万年前まで広げられている.

c. 海底研究の成果　　第二次世界大戦以前には,海底は大陸の延長とみなされ,ほとんど研究がされていなかった.戦中・戦後をつうじて,戦略的な観点から海底のデータを集めるために,アメリカは惜しみなく研究費を注ぎ込んだ.その結果,海底は大陸とは異なる地形や地質をなしていることが判明した.

(1) 海底拡大説の提唱: 最初の特筆すべき成果は,1950年代半ばごろにユーイング(M. Ewing,アメリカ)たちによって,大西洋に発見された中央海嶺が地球全体をとりまくように発達していることが明らかにされたことである.さらに,中央海嶺にそって浅発地震がおこっていること,中央海嶺で放出される熱量(地殻熱流量,1.4.b項参照)がほかの海底に比べて2〜8倍も大きいことが発見された.

その後ヘス(H.H. Hess,アメリカ)は,西大西洋の海底の詳細な起伏の断面図を作成したところ,そこに頂上の平坦な海山が連なっていることを発見した.

彼はその奇妙な形をした海山をギヨー（guyot：19世紀の地理学者の名前に由来）とよび，その成因を次のように考えた．ギヨーは中央海嶺の上に誕生し，水面上に顔を出したため波の侵食で頂上部がけずりとられて平坦になった．やがて，何らかの原因で海中に沈み，中央海嶺から遠ざかった．ヘスは中央海嶺という海洋地殻にできた割れ目から地球内部の熱い物質がわき出し，固まっては外へ外へと広がっていったと考え，それを1962年に『大洋底の歴史：History of ocean basins』という論文として発表した．一方，ディーツ（R.S. Dietz, アメリカ）も海底拡大（sea-floor spreading）という新語を導入し，厚さ70km程度の硬いリソスフェアが軟らかいアセノスフェアの上にのっているという考えを1961年に発表した．海底拡大説の誕生である．しかしながら，海底が拡大するだけでは，地球は膨張してしまう．そこで，ヘスは新しく海底ができた分だけ，古い海洋地殻が海溝から大陸地殻の下へ潜り込んで，消滅しているはずだと考えた．このような動きを生み出す力として，彼は1928年にホームズによって提唱されていたマントル対流説をあげた．したがって，海底は永久的なものではなく，常に新しく更新されているという考えである．こうしてヘスは，海底が予想外に若い（約2億年以下）ことや，中央海嶺と海溝の成因，および大陸の成長の問題を海底の"ベルトコンベア・モデル"によって統一的に説明している（図4.5）．

海底拡大説が正しければ，火山島や海山あるいは海底堆積物の年代が海嶺軸から離れるにつれて古くなると考えられるが，それらは次々と証明されたのである．たとえば，大西洋中央海嶺をはさむ玄武岩直上の堆積物の年代が，海嶺軸からの距離に比例して古くなることがわかった（図4.6）．海底拡大説の決定的な証拠は，次にのべる海底

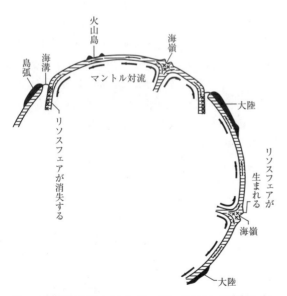

図4.5 海底拡大説（ベルトコンベア・モデル）の模式図（上田，1971）

(2) 海底拡大説の証拠と拡大速度: 海底の磁力は船にのせた磁力計を用いて測定される．測定値から標準値を差し引いて，地磁気異常を求めることができる．カリフォルニア大学スクリプス研究所のグループはいち早く東太平洋海域で大規模な海上地磁気測定を開始し，メイソン（R.G. Mason）とラフ（A.D. Raff）は1960年初めに正・負の地磁気異常帯が規則的に交互して縞模様をなし，幅数十 km の縞が中央海嶺の両側でほぼ対称的になっていることを発見した（図4.7）．しかも，その縞模様はところどころで数十 km も相対的にずれていたのである．このような地磁気の縞模様の成因は，発見後数年間はまったく謎であったが，ヴァイン（F.J. Vine, イギリス）とマシューズ（D.H. Matthews, イギリス）が，その成因に対する優れた解答を1963年に与えた．

すなわち彼らは，海嶺軸に最も近い正の異常帯は，海底にある玄武岩の熱残留磁気が現在の地球磁場で生じたものであり，一方負の異常帯は，玄武岩の逆方向の熱残留磁気が地球磁場の逆転時期に中央海嶺でつくられたものであると考えた．したがって，地球磁場の逆転が時代とともにくり返され，かつ海底が拡大すれば，必然的に正・負の地磁気異常が海嶺軸に対して対称的な縞模様をつくるのである．これはテープレコーダーにたとえられ，中央海嶺がヘッドに，中央海嶺で磁化した玄武岩が録音されたテープに，それぞれ相当するというわけである．

またヴァインは1966年に，東太平洋海嶺を横切る地磁気異常の観測から，正磁極期と

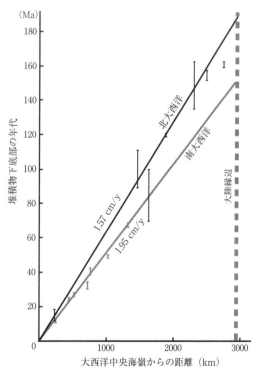

図 4.6 大西洋中央海嶺からの距離と海底堆積物下底部の年代との関係（Seyfert and Sirkin, 1979 から編図）

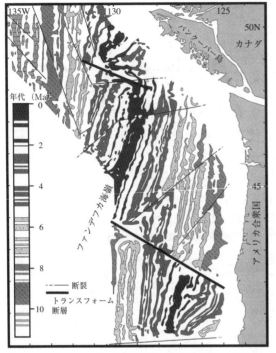

図 4.7 北アメリカ西岸沖の地磁気の縞模様（Hey, 1977 を一部改変）
着色の縞は正磁極の時期を，無色の縞は逆磁極の時期を示す．

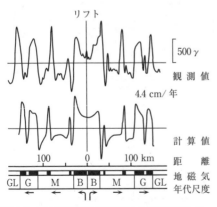

図 4.8 東太平洋海嶺で観測された磁気異常とテープレコーダー・モデル（Vine, 1966 を改変）
B：ブルン正磁極期，M：松山逆磁極期，G：ガウス正磁極期，GL：ギルバート逆磁極期．

逆磁極期の順序と長さが，コックスが 1963 年に示していた地磁気年代尺度（前述；図 1.11 参照）とよく合うことに基づいて，海底の拡大速度を 4.4 cm/年と計算した（図 4.8）．このテープレコーダー・モデルは，まもなくその他の中央海嶺でも実証され，拡大速度が地域によって異なるものの，1～10 cm/年のなかに集中することも指摘された．

海底の岩石の縞模様と放射年代との検討によって，海底の拡大速度が明らかにされただけでなく，それを利用してさらに精密でより古い時代の地磁気年代尺度がコロンビア大学のラモント・ドハティ地質研究所のグループによってつくられた．このようにして，地磁気異常の縞模様から海底に等年代線を描くことができ，約 8000 万年の間に約 170 回の磁場の逆転がおこったことが明らかにされた．さらにその後の研究で，地磁気の逆転史も 1.7 億年前（ジュラ紀中期）までさかのぼり，世界の海底の年代はほとんどすべて決定された（図 4.9）．

(3) トランスフォーム断層の提

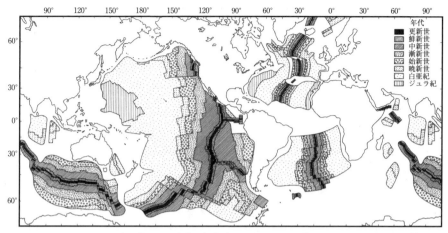

図 4.9 海底の年齢（Pitman et al., 1974）

唱： すでに図4.7に示しているように，地磁気の縞模様や海嶺軸がずれて見えるのは，海底の地殻が相対的に数十kmとか，極端な場合には1000kmもずれたことを意味し，大陸移動説の証拠であると主張された．このずれは断裂帯とよばれるゾーンにそっている．断裂帯は陸上でみられる横ずれ断層とは異なり，まったく新しい型の断層，すなわちトランスフォーム断層であることが，1965年にウィルソンによって提唱された．詳しくは2.5.c.(3)項を参照されたい．

(4) ホットスポット： 海底拡大説の証拠となった地磁気異常の縞模様やトランスフォーム断層とともに大きなインパクトを与えたのは，ホットスポット説であろう．ハワイ諸島（ハワイ島～ミッドウェー島）から天皇海山列（雄略海山～明治海山）にかけては，火山島や海山が点々と一列に並んでいる（図4.10）．しかも，ハワイ島が一番大きく，マウイ，オアフ，カウアイと島は小さくなるとともに侵食が進んでいる．このことに着目したウィルソンは1965年に，海底の下の定まった位置からマグマが上がってくる場所，ホットスポット（hot spot）があると仮定すれば，海底の移動によって，火山島が次々とできあがると考えた．つまり，おまんじゅうがホットスポットででき，それがベルトコンベアで運ばれて次のおまんじゅうがホットスポットででき，これをくり返しておまんじゅうの列をつくったというわけである．

もしこの仮説が正しいとすれば，ホットスポットから離れるにしたがって，火山島を構成する火山岩の年代が古くなることが予想される．実際に放射年代測定

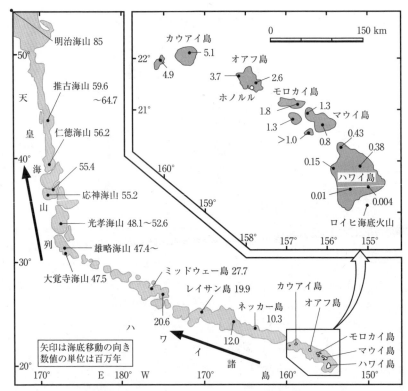

図4.10 ハワイ諸島-天皇海山列のホットスポット火山の年代配列（Claugue and Dalrymple, 1987, O'Connor et al., 2013 を改変）

のデータはみごとにこの予想を支持し，さらに天皇海山列の岩石の年代測定によって，このホットスポットの活動が約8500万年間続いていることが示された（図4.10）．また，ハワイ諸島と天皇海山列の方向の違いは，約5000万年前に太平洋の海底の運動方向が北北西から西北西に変わったために生じたと説明されてきた．しかし，タルドゥノ（J.A. Tarduno，アメリカ）らは2003年に天皇海山列をつくったホットスポットが4 cm/年のスピードで南下したことを明らかにした．モーガン（W.J. Morgan，アメリカ）は1972年に，このようなホットスポットをつくる活動はマントルの上昇流，マントルプルームによると考えた．

（5） **パンゲアの復元**： 海底拡大説が浸透していたころ，ウェゲナーの提唱したパンゲアをより正確に復元する試みがなされた．ブラード（E.C. Bullard，イギリス）らは1964年にオイラーの定理を応用して，大西洋をはさむ大陸が最も

図 4.11 古生代後期のパンゲアの復元（Briden et al., 1971）
大陸縁辺境界は 1000 m の等深線で示され，大陸内の線は現在の緯線・経線に相当する．＋印は新生代のアルプス–ヒマラヤ造山帯となる部分を示す．

よく接合する配置を，コンピューターを使って決めることに成功した．このことはプレートの上にのっている大陸が，変形しにくい性質のものであることを示している．その後も同様の試みが多くの研究者によってなされている（図 4.11）．

復元されたパンゲアが地球の原始大陸というわけではない．カレドニア–アパラチア造山帯などの古生代前期の古い大陸衝突域の存在に示されるように，さらにその前にも大陸の集合・離散と海底の分裂・拡大がくり返されたと考えられている（5.2.c 項，図 5.6，後見返しの地球史年表を参照）．そのような大陸の離散から集合・合体までの周期を，デューイ（J.F. Dewey，アメリカ）らはアイデアの提案者にちなんで，ウィルソン・サイクルとよんだ．

4.2 プレートテクトニクス

a．プレートテクトニクス理論の確立 古地磁気学や地球年代学によって海底拡大説の検証が進んでいたころ，地震学の研究からも大きな進展があった．まず，中央海嶺や海溝にそって，地震が集中していることがわかった（図 4.25 参照）．一方，地球内部の地震波の伝わり方を研究していたグループは，海底の下

70～250 km ぐらいの深さの上部マントルで地震波の伝達速度が低下・減衰することを明らかにし，これを低速度層とよんだ（図 2.12 参照）．地震波の速度は通過する物質の剛性率に依存するので，低速度層は剛性率の低下，すなわちマントルの部分的な溶融を示していると解釈された．もしそれが正しいなら，その部分は流動しやすく，その上にのっている剛体の部分は一体となって運動できるはずである．低速度層のことをアセノスフェア（asthenosphere），その上の硬い層をリソスフェア（lithosphere）とよぶようになった．このアセノスフェアの上をリソスフェアが運動しているという考えこそ，プレートテクトニクスの原点となったのである．

プレートという剛体の板を仮定すると，その運動について幾何学的な議論が可能になる．それは球体上の板の運動は回転運動となり，1つの回転軸（オイラー軸）と回転速度とによって記述できるのである（図 4.12）．オイラー軸と球面との交点をオイラー極とよぶ．この回転運動については 1964 年からブラードらによって考えられ始め，1967 年以降には地球全体に理論が展開された．

このようにして，現在地表でみられる大規模な地球科学的現象のほとんどすべては，それらが個々の要因で発生しているのではなく，プレート間の相対的な運動によってひきおこされ，統一的に説明されるようになったのである．なお，プ

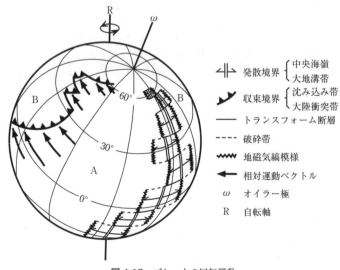

図 4.12 プレートの回転運動
A と B は仮想的な 2 つのプレート．

レートテクトニクス（plate tectonics）という言葉を最初に使用したのは，ヴァインとヘスで，1968年のことであった．

b. プレートとプレート境界　世界の地震は弧-海溝系，造山帯，中央海嶺そしてトランスフォーム断層に集中しておこっており，大洋底や大陸中央部ではほとんどおこっていない（図4.25参照）．このことから，リソスフェアはいくつかのプレートからなり，各プレートは内部で変形や破壊をうけずに相対運動をしており，地震によって代表される変形・破壊は主としてプレート相互の境界でおこっていると考えられた．モーガンは1968年に，地震帯を境にして地震のない7つの大プレートと，12の小プレートに地球表面を分割した．その境界は3種類あり，プレートが誕生する場所（発散境界），消滅する場所（収束境界），そしてすれ違う場所（横ずれ境界）である．それらはそれぞれ上記の中央海嶺と大地溝帯，海溝と大山脈，そしてトランスフォーム断層に相当する（図2.13参照）．それらの詳細については2.5.c項を参照されたい．

c. プレートを動かす原動力　大陸移動説が復活し，海底拡大説が脚光を浴びてきた時期には，大陸はマントル対流によって受動的に移動するという考えが支配的であったが，しだいに弱まっていった．

原動力を説明するもう1つの考えは，重力によるプレートの沈み込みを重視している．プレートは誕生の場である中央海嶺付近では温度が高いが，中央海嶺から離れて海溝に達したときには冷却し，なおかつ厚さも増加する．冷たいプレートは下にある熱いアセノスフェアよりわずかながら密度も大きくなっているので，海溝からマントルに沈み込み，あとに続くプレートを横に引っ張る．この結果，プレートの反対の端である中央海嶺は引っ張りによって裂け目が生じて，下のアセノスフェアからの熱い物質を上昇させ，そこに新しい海洋地殻をつくるというものである．したがって，中央海嶺におけるマグマの噴出は，あくまでも海溝において引っ張られた結果ということになる．長大な海溝をもつプレート（太平洋プレートやインド・オーストラリアプレートなど）の移動速度がそうでないプレートに比べて大きいことなどは，この考えを支持しているようにみえる．

また，地形的に中央海嶺部が高く，海溝部が低いので，位置エネルギーの差が原動力の1つになっているという考えもある．これはプレートの移動がマントルの対流に引きずられるのではなく，逆にマントルのアセノスフェアがプレートに引きずられているという考えであり，能動的プレート対流論とよぶべきものである．フォーサイス（D.W. Forsyth，アメリカ）と上田誠也は1975年に，プレー

トの平均速度とプレートのさまざまな特性を比較し，沈み込むスラブの引っ張り力の重要性を強調した．海嶺が移動して海溝で沈み込む場所も，チリで知られている（図2.13★印参照）．

d. プルームテクトニクス　能動的プレート対流論が主流になっているとはいえ，たとえばホットスポットの存在（図2.20参照）のように，マントル内の対流を示唆する現象が認められている．その地球深部の状態が，地震（波）トモグラフィーという技術によって，詳しくわかるようになってきた．その詳細については，2.6節を参照されたい．

4.3　火山活動

火山活動はマグマに関連した動的な現象であり，火口から赤熱した溶岩や火山灰などが音と光を伴って噴出し，火山体を形成したりすることである．これは変動する地球の姿を最も端的に示している．

a. 火山の分布　地球が誕生して以来，海陸を問わずいろいろな場所でさまざまな規模の火山活動がくり返され，たくさんの火山が形成されてきた．これらのうちおおよそ過去1万年以内に噴火した火山を活火山という．地球上に知られる活火山の数は1500くらいか，あるいはそれより多いといわれている．その分布は火山のでき方と深く関わっている．

(1) 世界の火山： 世界の活火山の分布（図4.13）を見ると，地震の分布（図4.25参照）と同様に，極めて限られた地域に集中していることがわかる．とくに陸上の火山では，アラスカから日本やニュージーランドを経て南アメリカに至る太平洋をとりかこむ地域（環太平洋）に多い．これは火山（マグマ）の形成とプレートの運動とが密接に関係しているからである．

地球上の火山は，①プレート発散境界である中央海嶺にある海嶺火山，および大地溝帯（リフトバレー）にある火山，②プレート収束境界である海溝での沈み込み帯にある島弧・陸弧火山，およびプレート同士の衝突帯にある火山，③プレート内部にあるホットスポット火山に分けられる．マグマの生産量は①の中央海嶺が圧倒的に多く，ついで②，③の順序となる．なお，プレート横ずれ境界（トランスフォーム断層帯）には，火山は認められない．

(2) 日本の火山： 日本には，海底火山や北方四島を含めて現在111の活火山が知られている（図4.14）．地球上に知られる活火山の数（約1500）と比較すると，面積の割にはいかに日本列島に活火山が多いかがわかる．

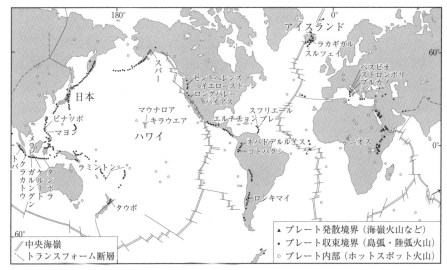

図 4.13 世界の活火山の分布（宇井, 1997 を一部改変，陸上部だけを表示）

海洋プレートの沈み込みと平行する複数の火山を同じ火山帯と考えると，日本の火山は，太平洋プレートに関係した東日本火山帯と，フィリピン海プレートに関係した西日本火山帯とに分けられる．これらの火山は海溝やトラフから一定の距離（200～300 km）のところに多く生じている．海溝側の火山分布の境界線を火山フロントという．火山フロント付近の深発地震面の深度は約 110 km である．

日本の火山の多くは島弧火山で，爆発的な噴火をするものが多い．それはマグマが安山岩～デイサイト質で粘性が高く，また揮発性成分を多く含むことによる．また，成層火山やカルデラが多いことも，日本の火山の特徴である．

b. 火山の形と構造　火山の形や構造については，マグマ溜りを中心とした火山の深部構造と，地表につくられた火山体とに分けて考えることにする．

(1) マグマ溜り：　マグマは噴出前に，地下数 km のある場所で貯蔵庫のようなものに一時的に蓄えられると考えられる．これをマグマ溜りという．マグマ溜りが存在することを示す理由には，次の 3 つが考えられる．第 1 に，短期間に大量のマグマが噴出する．このことは噴火の直前に，地下のどこかに大量のマグマが貯蔵されていたことを示すからである．第 2 に，活火山の直下では，地震がおきていない領域がある．マグマ溜りのような軟らかい部分では，地震（破壊）がおきないからである．第 3 に，火山地域には大型の深成岩体が存在している．深成岩体はマグマ溜りがそのまま固結した"マグマ溜りの化石"と考えられるから

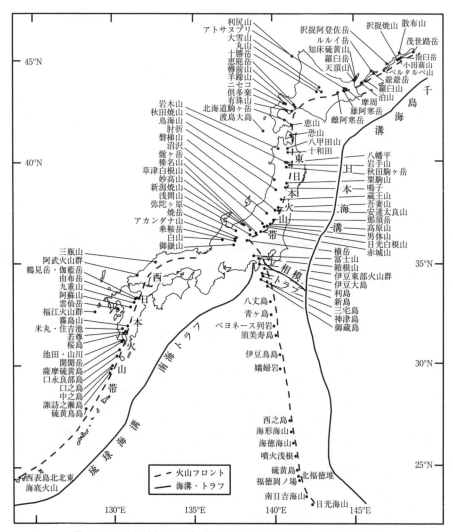

図 4.14 日本の活火山の分布(気象庁, 2018 と広川ほか, 1982 から編図)

である.

(2) 火山の形: 火山の大きさや形は,その形成プロセスと密接な関係がある(図 4.15).たとえば,一連の噴火活動で生じた火山を単成火山といい,休止期をはさんで噴火活動がくり返されることによって形成された火山を複成火山という.単成火山は一般に小型であり,比高が 500 m 以下,体積は 0.1 km^3 以下である.阿蘇米塚などのスコリア丘や昭和新山の溶岩円頂丘などの例がある.一方,

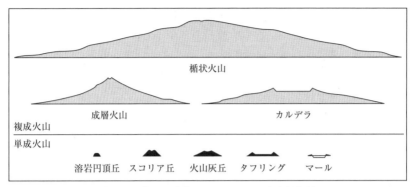

図 4.15 火山の形（Simkin et al., 1981 を一部改変）
複成火山は高さを2倍に，単成火山は4倍に誇張してある．

複成火山は 10~100 km³ くらいの体積がふつうで，アイスランドやハワイの楯状火山，富士山のような成層火山など大型の火山体をなす．

楯状火山は極めて流動性に富む玄武岩質溶岩が流出するため，山頂から裾野まで緩やかな斜面（10°以下）をなす．ハワイのマウナロア火山は標高 4170 m という高い山であり，直径が 100 km をこえている（図 2.10 参照）．成層火山は玄武岩質あるいは安山岩質な溶岩と火山砕屑物が山頂火口から交互に噴出することによって形成され（図 3.12 参照），富士山や浅間山など円錐形をした火山の多くがこのタイプである．成層火山はなだらかな裾野をもつが，山腹の傾斜は山頂に近づくほど大きくなり，40°に達することもある．

また噴火には，火山の中心部の火口から噴火する場合と，割れ目から噴火する場合とがあり，それぞれ中心噴火と割れ目噴火とよぶ．中心噴火は噴火口が点に近い限られた面積であり，火口を中心にした対称的な火山体をつくる（例：成層火山，溶岩円頂丘，スコリア丘，マールなど）．割れ目噴火は長さ数百 m~数十 km におよぶ広域な割れ目から，流動性に富む玄武岩質溶岩が多量にかつ短時間に穏やかに流出し，たび重なる噴火によって楯状火山をつくる．爆発的な山腹割れ目噴火もあるが，割れ目の長さは短く，火山体の規模も小さいことが多い．

(3) カルデラ： 以上は火山性の凸地形についてのべたが，鍋型をした凹地形が認められる火山をカルデラという（図 3.12 参照）．この凹地形は火口と区別しにくいため，カルデラはふつう直径 2 km 以上のものに限定されている．カルデラの形，構造，規模はさまざまであり，成因にも陥没作用のほかに，大規模な爆発や侵食によるものがある．

日本では阿蘇山の陥没カルデラが有名である．これは南北 25 km，東西 18 km の規模で，30〜9 万年ほど前までの 20 数万年間に，4 回にわたって大規模なデイサイト〜流紋岩質の火砕流堆積物を噴出した．その結果，地下のマグマ溜りの内部に空洞ができ，マグマ溜りの天井が支えを失ってマグマ溜りに落ち込み，陥没するたびにカルデラはしだいに拡大したと考えられている．阿蘇山はその後も今日に至るまで火山活動を続け，カルデラ内には中央火口丘や米塚などを形成した．

カルデラには，このほかに玄武岩質マグマの活動によるものもある．たとえば，ハワイ島のキラウエア火山の山頂にあるカルデラがあげられる．

c. 火山噴火のメカニズム 火山の噴火は地下深部のマントルで発生したマグマの活動によってひきおこされる（図 4.16）．マグマはマントルの一部が部分的に溶けて（部分溶融），最初は鉱物粒子の間に小さな液滴として発生する．やがて，それらは集まってマグマポケットをつくる．マグマポケットは溶け残った岩石よりも密度が小さいので，上昇しつつ肥大化する（図のⅠ）．マントル内では，マグマは液体の柱をつくって上昇し，マントルの最上部に達する（図のⅡ）．地殻の密度はマントルの密度よりも小さいので，両者の境界ではマグマの上昇速度が低下したり，一部のマグマは両者の境界に停滞したりする．マグマと地殻の密度が釣り合うところで，マグマは上昇できなくなる．このような場所のことを浮力の中立点とよび，地下数 km の場所にマグマ溜りが形成される（図のⅢ）．

マグマ溜りの周囲の温度はマグマの温度よりもかなり低いので，マグマの熱は周囲へ逃げ，マグマの温度は下がり，鉱物が次々と晶出し始める（図 4.17）．一般にマグマには，水蒸気（H_2O）や二酸化炭素（CO_2）などの揮発性成分（ガス類）が含まれている．鉱物に含まれる揮発性成分の量はマグマ中のそれより少ないので，鉱物が晶出するにつれて，残ったマグマ中の揮発性成分の量はしだいに増加する．マグマが揮発性成分に飽和すると，気泡が発生（発泡）し始め，マグマ溜りのガス圧を高くする．そのため，マグマの見か

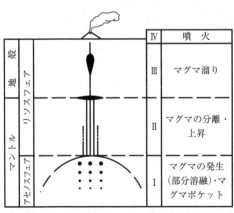

図 4.16 マグマの発生から噴火までの概念図（Fisher and Schmincke, 1984 を一部改変）

4.3 火山活動

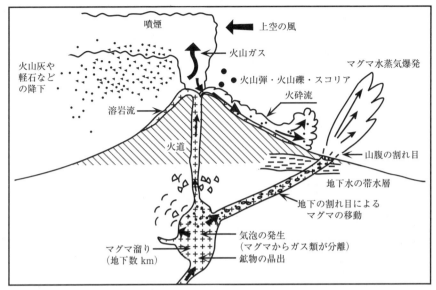

図 4.17 火山噴火の概念図（藤井，1993 を一部改変）

けの密度（気泡と残りの液の密度）は，周囲の岩石よりも小さくなるので，マグマは再びマグマ溜りから火道を通って上昇しようとする．地殻のなかを上昇すると圧力が低下するので，マグマ中に溶け込める H_2O や CO_2 の量はさらに減少し発泡する．つまり，マグマ溜りと火道のガス圧がその上部の岩石の圧力（荷重圧）より高くなると，バランスが崩れて火山噴火がおこる（図 4.16 の IV）．これはちょうどビールやシャンパンの栓を抜いたときに減圧され，なかに溶け込んでいた CO_2 が発泡して勢いよくとび出してくるのと同じである．

d. 火山噴火の様式　火山噴火には，図 4.17 や図 4.18 に示すように，さまざまの様式がある．さらに 1 つの火山でも，時間とともにその様式が変化していく．その理由は火山によって，あるいは同じ火山でも噴火によって，そのときのマグマの化学組成，温度，粘性，揮発性成分の量，マグマ溜りの深さ，マグマの上昇スピードなどが違うからである．ここでは，代表的な噴火様式について示す．

(1) 溶岩が流れ出る噴火：　マグマが噴出するとき，破片にならずに液体のまま流出するのが溶岩である．溶岩は高温（1200～700℃）の粘性流体であるとともに，それが冷えて固まったものも溶岩とよぶ．溶岩の粘性や噴火の様式も，マグマの化学組成によって異なる．一般的に，玄武岩質マグマは粘性が低く，穏

噴火の様式	マグマ・溶岩の性質など		噴煙柱の高さ
アイスランド式	玄武岩質	SiO_2 少 粘性 低	—
ハワイ式			>1 km
ストロンボリ式	安山岩質		0.1〜5 km
ブルカノ式	デイサイト質 流紋岩質	SiO_2 多 粘性 高	3〜15 km
プリニー式			10〜25 km
火砕流を出す噴火	高温の粉体流		—
マグマ水蒸気爆発	マグマと水の接触		—
水蒸気爆発	マグマ噴出せず		—

（左側矢印：穏やか↑／激しい↓）

図 4.18　火山の噴火様式

やかな噴火をするが，安山岩〜流紋岩質マグマは粘性が高く，激しい噴火をする．また，火山の形と構造もマグマの性質や噴火の様式などによって異なる．

アイスランドのラカギガル火山の 1783 年の噴火では，長さ 25 km の割れ目から 12 km^3 の玄武岩質溶岩が流出した（口絵 2）．その後もアイスランド中央帯の各地で，広域の割れ目から粘性の低い玄武岩質溶岩が噴出していることから，アイスランド式噴火とよばれている（図 4.18）．これは後述する海嶺火山の陸上への延長部とみなされ，特異な例である．ハワイ式噴火では，粘性の低い玄武岩質溶岩が噴水のように噴き上げ，溶岩流が流下する．溶岩流は溶岩チャネルや溶岩トンネルをつくって遠くまで流れる．何枚もの薄い溶岩流が積み重なって楯状火山を形成する．しばしば，溶岩湖を形成する．一方，粘性の高い安山岩〜流紋岩質溶岩はあまり遠くまで流れず，急傾斜の溶岩円頂丘をつくる（図 3.12 参照）．

(2)　**マグマを噴き上げる噴火**：　灼熱した火山弾やスコリアを上空数百 m の高さに間欠的に噴き上げる噴火を，ストロンボリ式噴火という．これは玄武岩〜安山岩質な化学組成を示すマグマによくみられ，マグマの粘性がもう少し低いとハワイ式噴火に，もう少し高いとブルカノ式噴火に移り変わる（図 4.18）．ストロンボリ式噴火は伊豆大島（三原山）で，くり返し発生している（口絵 4）．

ガスを多量に含んだデイサイト〜流紋岩質マグマが，発泡しながら噴煙柱が 1 万 m 以上の高さに上がり成層圏に達する噴火を，プリニー式噴火という．この噴火では，火山礫などのように大きなものは火口付近に落下するが，火山灰や軽石などの細粒なものは遠くに飛んでゆき，地形の起伏に関係なく，降雪のように一様に地面をおおう．これをマントルベッディングという．最近では，1982 年のメキシコのエルチチョン火山や，1991 年のフィリピンのピナツボ火山で大規模なプリニー式噴火がみられた．

(3) **火砕流を出す噴火**： 火砕流は高温の水蒸気などの火山ガスと火山灰，軽石，岩片などの混合物が，高速度で山体を流れ下る現象である（図 4.17，口絵 15）．これは高温の粉体流で，火山ガスを噴射しながら移動するため，見かけの粘性は極めて低くなり，時速 100 km をこえることもある（図 1.7 参照）．その温度は 500～1000℃ におよび，一種の熱なだれであるため破壊力が強く，大きな火山災害をもたらすことが多い（6.3.a 項参照）．

(4) **爆発的な噴火**： ブルカノ式噴火では，爆発的な噴火によって黒色の噴煙が立ちのぼるとともに，火山岩塊，火山礫，軽石，火山灰などが噴き上げられる．桜島の噴火が代表的で，日本のような島弧火山に多い噴火様式である．また，マグマが地下水や海水と接触することによって急激に発泡して，爆発的な噴火をひきおこすことがある．これをマグマ水蒸気爆発という（図 4.17）．一方，マグマは直接的に関与せず，高温のガスが地下水と接触すると，水蒸気圧が急激に上昇して，既存の山体の一部を崩壊し，火山灰などとともに爆発的に放出することもある．これを水蒸気爆発という（図 4.18）．

e. 火山の成因 　すでに 4.3.a (1) 項でのべたように，火山活動は ① プレート発散境界，② プレート収束境界，および ③ プレート内部のホットスポットでおこっている（図 4.13 参照）．

① の中央海嶺の下では，プレートの運動に伴って，高温で流動性のあるアセノスフェア物質（かんらん岩）が大規模に上昇している．この上昇したアセノスフェア物質が圧力の低下のために溶けだし（図 3.13 参照），多量の玄武岩質マグマを生産し，中央海嶺のリフトで噴出している．なお，この海嶺火山が陸上に現れたものが，前述したアイスランドの火山である（口絵 2）．

② の日本のような島弧火山は，海洋プレートの沈み込みと密接な関係をもっている．島弧火山におけるマグマの発生については，巽（1995）によって図 4.19 のモデルが提唱されている．沈み込む海洋プレート（スラブ）と大陸地殻との間にあるくさび状のマントル部分をマントルウェッジとよぶ．沈み込む海洋地殻の表面付近には，堆積物や枕状溶岩などの玄武岩があり，多量の水を含んでいる．このようなプレートが沈み込むと，水の一部はマントルウェッジ内に入り込み，かんらん岩と反応して角閃石や金雲母などの含水鉱物を生じる．角閃石は深さ 110 km（3.5 GPa の圧力）で，また金雲母は深さ 170 km（6 GPa の圧力）で，それぞれ分解して水を放出する．マントルウェッジの温度は，冷たいスラブと接する部分では冷やされているが，中心部では 1400℃ の高温領域となっており，ス

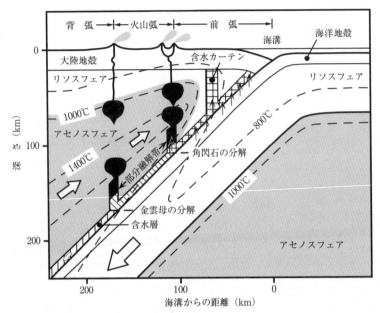

図 4.19 沈み込み帯におけるマグマの発生モデル（巽, 1995 を一部改変）
黒矢印は H_2O の, 白抜き矢印は物質の移動を示す.

ラブから上昇してきた水によってかんらん岩の融点が下げられ（図 3.13 参照），玄武岩〜安山岩質なマグマが生じる．発生したマグマは上昇・噴火して，火山弧（1〜2 の火山列）をつくる．

③のハワイ島のような海洋のなかに点在する火山島は，ホットスポット火山とよばれ，プレート内部に形成される火山の典型である．ここでは，マントルの非常に深いところ（下部マントル）にある定点から，マントルプルームによってアセノスフェア物質が大量に上昇し，減圧溶融（図 3.13 参照）によって玄武岩質マグマを発生する．ハワイ諸島では，火山島や海山（図 2.3 参照）がプレートの運動によって移動するため線状に配列しており，それらが形成された年代も系統的に変化している（図 4.10 参照）．

4.4 地震現象

a. 地震発生のメカニズム　地殻はプレート運動によっていつも力が加えられている．地殻はバネのような弾性体として挙動するため，力に比例して地殻内に歪が蓄えられていく．歪の量が弾性限界をこえると，断層にそってすべりが発

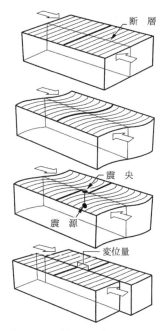

図4.20 弾性反発理論による地震発生のメカニズム (Press and Siever, 1994)
地殻に力が加わると地殻が歪んでゆき、限界に達すると断層にそってすべりが発生する.

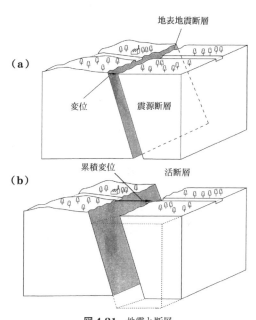

図4.21 地震と断層
(a) 震源断層と地表地震断層, (b) 活断層. 同じ断層で地震がくり返し発生すると、地形に変位が累積する.

生する (図4.20). このメカニズムは弾性反発理論とよばれる. すべりが発生すると、それまで蓄えられていた歪エネルギーは主として、すべり摩擦による熱エネルギーと弾性エネルギーとして解放される. 弾性エネルギーは弾性波となって地殻のなかを伝わってゆく. この弾性波が地震である.

(1) **地震と断層**: 地震を発生させた断層は震源断層とよばれ、その一部が地表に現れたものを地表地震断層とよぶ (図4.21, 口絵18・図6.16参照). 同一の断層にそってくり返し地震が発生すると、地形には変位が累積する. 地形に累積変位が認められる断層が活断層である (図4.21). また、活断層は一般には第四紀後半に活動した断層で、今後も動く可能性が高い断層として定義されている. 活断層研究会 (1991) や200万分の1活断層図編纂ワーキンググループ (2000) は活断層の分布図を作成している. さらに、活断層の情報をデジタル化した『活断層詳細デジタルマップ〔新編〕』も作成されている (今泉ほか, 2018). 日本全

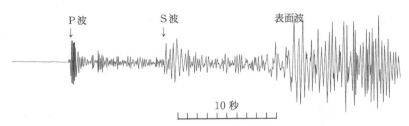

図 4.22 地震計に記録された地震波形の例(東京大学地震研究所筑波地震観測所提供) 1989年10月17日(現地時間)におきた米国カリフォルニア州ロマプリエタ地震(M_w 6.9)の記録.

国の活断層を網羅したデータベースが公開されており(産業技術研究所,2018),活断層の位置や特徴を知ることができる.

地形学的に求められた平均変位速度を基準として,活断層の分類には活動度という指標が用いられることがある.たとえば,年間の平均変位速度が 10〜1 mm を A 級,1〜0.1 mm を B 級,0.1〜0.01 mm を C 級として区分されている(松田, 1975).さらに,サンアンドレアス断層(アメリカ西海岸)など年間 10 mm をこえる変位速度をもつ活断層に対しては,AA 級の区分が与えられている.中部〜近畿地方のおもな A 級に分類される活断層の分布を図 4.35(後出)に示す.なお,断層については,4.6.c 項で詳しく解説する.

(2) 地震波: 地震が伝わってくると,観測点に設置された地震計に地震波形が記録される(図 4.22).まず P 波(primary wave)が続いたあとに,S 波(secondary wave)が到達し,最後に表面波(surface wave)が記録されている.S 波は主要動ともよばれ,大地震の場合には破壊現象の主因となる.P 波が到着してから S 波が到着するまでの時間は,初期微動継続時間とよばれる(P 波と S 波の性質については,2.2.b 項参照).

b. 震央の決定 震源から異なる距離にある観測点で記録された地震波は,振幅や初期微動継続時間が異なる.震源の位置が遠ければ遠いほど,初期微動継続時間が長くなるとともに,減衰によって振幅が小さくなってゆく.

P 波速度 V_P と S 波速度 V_S から,初期微動継続時間 T と震央距離 L とには,$L = V_P \cdot V_S / (V_P - V_S) \times T$ の関係が成り立っている.V_P と V_S がわかっているときには,$L = kT$(k は定数)がえられる.この式は大森の公式とよばれている.

異なる観測点での地震記録から,縦軸に地震発生後の経過時間をとり,横軸に距離をとると,走時曲線が描かれる(図 4.23).それぞれの観測点から震央距離を半径とした円を描く.3 つの観測点を中心としてひかれた円の交点が震央の位

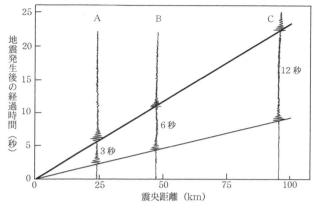

図 4.23 地震発生後の経過時間と震央距離（走時曲線）

置を与える．実際には，多くの観測点を中心として描かれた円の交点の平均として，震央の位置が与えられる（図 4.24）．

c. 震度とマグニチュード 地震に伴う揺れの程度を定性的に把握するために，わが国では気象庁の決めた震度階級が使われている．これに対して，地震そのものの大きさを示すパラメーターとして，マグニチュードが使われる．マグニチュード M と地震のエネルギー E との間には，$\log E = 4.8 + 1.5M$（単位はジュール）の関係が知られている．したがって，M が 1 増加すると，E は約 32 倍となる．

(1) 震度階級： 震度階級は 1884（明治 17）年に制定され，その後数回の改定がおこなわれた．さらに，1995 年の兵庫県南部地震を契機に大改定されている．2009 年に改定された気象庁の震度階級表を抜粋して，表 4.1 に示す．

震度階級は，かつては人の体感や建物などの揺れの程度を人の感覚で判断するものであったが，定性的で個人差がでるという欠点があるため，1996 年に地震計による計測震度に変更された．現在では，自動的に観測され，速報されている．

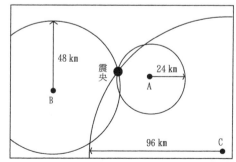

図 4.24 震央の求め方
観測点を中心として，震央距離を半径とする円を描く．3 つの観測点からひいた円の交点が震央を与える．

表 4.1 気象庁の震度階級表（一部抜粋）

震度階級	人　間
0	人は揺れを感じないが，地震計には記録される．
1	屋内で静かにしている人のなかには，揺れをわずかに感じる人がいる．
2	屋内で静かにしている人の大半が，揺れを感じる．眠っている人のなかには，目を覚ます人もいる．
3	屋内にいる人のほとんどが，揺れを感じる．歩いている人のなかには，揺れを感じる人もいる．眠っている人の大半が，目を覚ます．
4	ほとんどの人が驚く．歩いている人のほとんどが，揺れを感じる．眠っている人のほとんどが，目を覚ます．
5弱	大半の人が，恐怖を覚え，物につかまりたいと感じる．
5強	大半の人が，物につかまらないと歩くことがむずかしいなど，行動に支障を感じる．
6弱	立っていることが困難になる．
6強 / 7	立っていることができず，はわないと動くことができない．揺れにほんろうされ，動くこともできず，飛ばされることもある．

(2) マグニチュード： マグニチュードは1935年にリヒター（C.F. Richter, アメリカ）によって，震央からの距離が100 kmにあるウッド・アンダーソン型地震計で記録された最大片振幅（単位は μm）として定義された．この定義を基準として，さまざまなマグニチュードが工夫されている．わが国では長い間，気

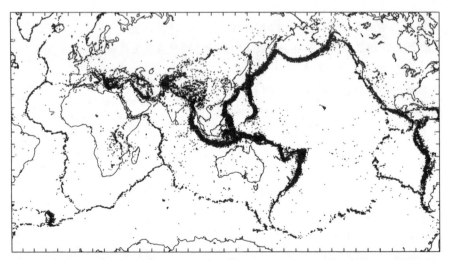

図4.25 世界の地震分布図（$M \geqq 4.0$，深さ100 km以下，1991〜2010年，理科年表，2018を一部改変）浅い地震はプレート境界（図2.13参照）にそった帯状の地域を中心に生じていることがよくわかる．

象庁のマグニチュードが使われてきた．このマグニチュードを使うと経験的に，活断層（内陸）地震では小さめの値がえられるのに対し，海溝型地震では大きめの値がえられる．このため2001年以降，モーメントマグニチュードも併記することが決められた．

① 気象庁のマグニチュード M_j：地震計でえられた最大片振幅 A（μm）と震央距離 Δ（km）をパラメーターとして計算され，多くの観測点で求められた値の平均値として算出される．震源の深さが60 km以浅でマグニチュードが5.5をこえる場合には，M_jの算出は $M_j = \log A + 1.73 \log \Delta - 0.83$ の式が使われる．

② モーメントマグニチュード M_w：震源断層の面積を S とし，地震に伴うすべり量を D とすると，地震モーメントは幾何学的に，$M_0 = \mu DS$ で定義される．μ は地震のおこった場所の剛性率である．地震モーメント M_0 の値から，モーメントマグニチュード M_w は，$M_w = (\log M_0 - 9.1)/1.5$ の式を使って計算される．

d. 地震の分布 深さ100 km以浅でおきたマグニチュード4以上の世界の地震は，長細い帯状のゾーンに集中している（図4.25）．日本列島は太平洋の西側にそった地震のゾーンにすっぽり含まれる．地震がおきているゾーンは変動帯とよばれ，プレート境界として位置づけられている（2.5.c項，4.2.b項参照）．

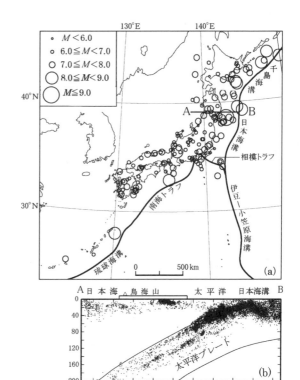

図4.26 日本列島とその周辺の地震活動
(a) 1885年以降の被害地震の震央分布（理科年表，2018に最新のデータを加えて編図）．
(b) 東北日本の震源分布．(a) のA-Bは断面線で，(b) のA-Bに対応している（東北大学遠田晋次氏作成）．気象庁カタログ $M \geq 2$，緯度39°から南北にそれぞれ50 km幅（100 kmバンド），2000～2018年6月までの震源データである．

(1) 世界の地震（図4.25）： 太平洋をとりまく地域では，地震発生ゾーンの幅が相対的に広い．ヒマラヤ山脈やチベット高原を経て紅海や地中海に至る地域では，地震の分布が広い範囲に分散する傾向が認められる．また，インド洋から大西洋と南太平洋にかけては，地震ゾーンの幅が狭く，中央海嶺にそっている．

(2) 日本の地震（図4.26）： 平面的にみると，日本海溝から千島海溝や伊豆‒小笠原海溝を結ぶ線の東側では，ほとんど地震がおきていないことがわかる．$M8$をこえる地震は，おもに海溝やトラフにそっておきており，海溝型地震（6.4.b 項参照）に属している．また，断面図をみると，日本列島の下では，2つのゾーンで地震が発生していることがわかる．水平なゾーンは日本列島を構成する脆性地殻の存在を示しているとみなされる．一方，西へ傾斜する地震のゾーンは和達‒ベニオフ帯とよばれている．このゾーンの先端は深さ670 kmに達しており，沈み込んでいるプレート（スラブ）の上面を表している．わが国に被害を与えてきた地震のおきる場所については，6.4.a 項で詳しくのべることにする．

4.5 造山運動

造山運動（orogeny）という言葉は，ギリシャ語の oros（山）と gene（造る）の合成語として，19世紀後半に生まれた．「山を造る運動」と解釈されがちであるが，実際は地殻を変形して褶曲や逆断層などを生じ，広域変成作用や火成作用をおこし，大陸地殻を形成する諸作用を意味する．地形的な山脈をつくることは，その派生的な結果にすぎず，むしろ侵食作用が重要な役割を担う．

20世紀の大部分は，造山運動がアメリカやヨーロッパで発展した地向斜造山論という考え方で議論され，日本列島の形成発達史もこの考え方で編まれていた．しかし，プレートテクトニクスの提唱後は，プレートの動きに基づく造山論（プレート造山論という）が，1970年以降に議論されるようになった．

ウェゲナーがすでに大陸移動とその衝突という言葉で指摘していたように，造山運動はプレートの収束境界で生じている．デューイとバード（J.M. Bird, アメリカ）は1970年に，世界の造山帯を詳しく整理して，造山運動のタイプを海洋プレートの沈み込みに伴う沈み込み型（コルディレラ型）と，大陸プレート同士の衝突に伴う大陸衝突型とに区分している．前者がアンデス山脈などの陸弧や日本列島のような島弧をつくり，後者がヒマラヤやアルプス山脈のような大山脈を形成したのである．ここでは，それらの概念図として図4.27を示し，以下に解説する．なお，造山運動によって形成された帯状の地域を造山帯という．

a. 沈み込み型造山運動（帯）　　大陸プレートと海洋プレートが収束すると，図 4.27 (a) に示されるように，軽い大陸プレートの下に重い海洋プレートが沈み込み，海溝をつくる．海溝周辺の海洋プレート上では，海洋性岩石と地層（チャート，石灰岩，玄武岩質岩石など）の上に陸源堆積物（泥岩や砂岩など）が累重する．2 つのプレート間の短縮運動によって，それらの岩石と地層は断層で薄いスライス状に切断されて，海溝陸側斜面の底に次々に押しつけられて，付加体を形成する（3.5.d 項参照）．さらに，付加体は沈み込むプレートによってより深部にもたらされると，そこの温度と圧力のために広域変成作用をうけ，青色片岩などの高圧型変成岩に変化する（3.6.c, d 項参照）．その後，これらは隆起して，大陸の一部となる（図 4.27 (a) には示されていない）．さらに沈み込み帯の深部では，アセノスフェアやリソスフェアの物質が部分的に溶融して玄武岩〜安山岩質マグマや花崗岩質マグマを発生し，地表では火山が噴火して火山弧をつくり，地下では花崗岩を形成する（3.4.b, c, 4.3.c 項参照）．また，大陸地殻の深部に貫入した花崗岩の周辺には，低圧型変成岩が形成される（3.6.c, d 項参照）．

このような付加作用，広域変成作用そして火成作用をとおして，大陸地殻が成長・肥大化しつつ隆起し，アンデスやロッキー山脈のような陸弧，さらに日本列島のような島弧が形成されたと考えられる．これらの一連の作用を沈み込み型造山運動とよんでいる．なお，日本列島はかつては，ユーラシア大陸の東縁に形成された陸弧の一部であった．しかし 2000〜1500 万年前に，日本海のような縁海が開いて，現在のような島弧になったのである．日本列島の形成と進化については，5.6 節に解説している．

b. 大陸衝突型造山運動（帯）　　上でのべた海洋プレートの沈み込みが続く

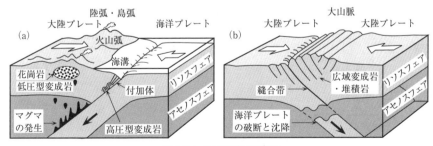

図 4.27　造山運動の概念図
(a) 沈み込み型造山運動（アンデス山脈や日本列島），(b) 大陸衝突型造山運動（アルプス山脈やヒマラヤ山脈）．

と，大陸間の大洋底はそこで地球内部へ潜り込み失われてしまう．それは海洋プレートの沈み込みが海嶺での拡大を上回る場合におこり，その海洋域が時間の経過とともに縮小し，やがて消失してしまうからである．その結果として，大陸プレート同士の衝突がおこり始める．大陸地殻はマントルに対して浮力があるので，沈み込みが妨げられ，そこに衝上(しょうじょう)断層や褶曲をつくり，大陸間にあった海洋地殻の一部を絞り出したり，広域変成岩や花崗岩を形成しつつ，隆起が進行して大山脈を形成する（図4.27 (b)）．大陸衝突型造山運動では，大規模なマグマの発生を伴わず，大陸地殻を新しく生産することはほとんどないのが特徴である．世界の屋根といわれるヒマラヤやアルプス山脈は，大陸衝突型造山運動によって形成されたものである．ここでは，ヒマラヤ山脈の例をみてみよう．

プレート運動の復元によれば，ゴンドワナ超大陸から分裂したインド亜大陸は，白亜紀末（約7000万年前）には当時のインドプレートにのって，年間約10 cmのスピードで北上し，約5000万年前にはユーラシア大陸に衝突し始めたと考えられている．衝突以降の速度は半減したが，現在もインド・オーストラリアプレートとして北上を続けている．2500万年前から山脈が隆起し始め，チベット高原は約800万年前から高くなってきたといわれている．その間に3000 km程度のリソスフェアの収束があったと推定され，チベット高原は約70 kmの地殻の厚さと，5000 mをこえる平均高度をもつに至っている．

地殻の水平方向の短縮の応答としてつくられる典型的な構造は，褶曲と逆断層（衝上断層）である．ヒマラヤ山脈はとくに衝上断層の発達が顕著であり，衝突初期のインダス-ツァンポ縫合(ほうごう)帯の形成以降，衝上断層の活動の場はヒマラヤ主衝上断層（MCT），ヒマラヤ主境界断層（MBT），ヒマラヤ前縁衝上断層（HFT）という順番に，前面（南方向）に向かって若くなっている（図4.28）．MBTやHFTは現在も活動を続けている活断層である．

ヒマラヤ山脈はこのような水平方向の短縮をうけて上昇し，8000 m級の峰々が連なっている．それを構成する岩石は，もともとはインド亜大陸付近のテチス海に堆積した地層が衝突による短縮をうけ，一部は広域変成岩となって上昇しているのである．エベレスト山頂付近などでよく知られている黄色い地層（イエローバンド：口絵5）は，海底に堆積した石灰岩が変成したものである．しかし，山脈が上昇すればするほど，侵食力の大きい氷河侵食にさらされて，山脈の高度は抑制される．山脈の高度を抑制する現象としては，地すべりや正断層も存在する．正断層の例としては，南チベットデタッチメント断層系（STDS）が存在す

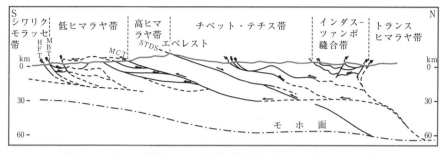

図 4.28 ネパール東部ヒマラヤ山脈の南北断面（Brunel, 1986 を一部改変）

る（図 4.28）．

c. 古い時代におこった造山運動

中生代以前にも，古生代後期（デボン紀後期〜ペルム紀）のヘルシニア（バリスカン）造山運動が，またさらに古くは古生代前期（原生代最末〜デボン紀前期）のカレドニア造山運動が，広い地域でおこっていた．古生代の造山帯は長い間侵食されてきたので，急峻な山脈の形態は留めておらず，なだらかな高原状を示すところが多い．

さらに，先カンブリア時代の原生代と太古代にもたび重なる造山運動がおこり，島弧や小さな大陸を大きく成長させてきたと考えられている．先カンブリア時代に形成された造山帯は，顕生代以降は安定しているところが多いので，安定大陸（クラトン）とよばれている（2.1.b, 2.3.a 項参照）．

以上のようないろいろな時代につくられた造山帯の分布を図 2.2 に示している．

4.6 地質構造とその記載

これまで，地球表層の大きな変動や地球内部の動きが，それぞれプレートテクトニクスとプルームテクトニクスで説明されうることをのべてきた．これらの変動の証拠の多くは，私たちの身近にある地層や岩石のなかに，いろいろな地質構造として記録されている．地質構造を正しく読みとり，記載することによって，地殻の変動と進化がよりいっそう理解できるであろう．

a. 地殻変動と変形様式　　地殻内に蓄積した応力が，急激にあるいは緩慢に解放されると，地殻の一部は変形する．その結果として，地層や岩石のなかに断層や褶曲ができたり，地殻が隆起したり沈降したりする．これらを総称して，地殻変動という．

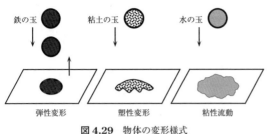
図 4.29 物体の変形様式

一般に，ある物体に外力が作用すると，物体内部にはそれに対応して応力（ストレス，stress）が働き，物体は形や体積の変化，すなわち歪（strain）を生じる．

いまテーブルの上に，鉄の玉，粘土の玉，水の玉をそれぞれ落としてみよう（図 4.29）．鉄の玉はテーブルにあたって跳ね返り，粘土の玉はテーブルの上にひしゃげて留まり，そして水の玉はテーブルの上を流れてゆく．鉄の玉はテーブルに衝突したときに一度変形し（歪を生じ），それがもとの形に回復する．この回復する力で鉄の玉は跳ね返りをおこしている．このように 3 つの物体は，テーブルに衝突した瞬間にそれぞれ異なる変形をおこしている．鉄の玉の変形を弾性変形，粘土の玉の変形を塑性変形，水の玉の変形を粘性流動とそれぞれいう．これら 3 つの物体はそれぞれ弾性体，塑性体，粘性流体といわれている．また，固体の変形過程において，弾性変形後（フックの法則からはずれたあと）すぐに破壊するような性質を脆性，大きな塑性変形を伴うような性質を延性という．

地層や岩石は，地表および地表近くでは弾性体であるが，地殻の内部では周囲の条件（温度，圧力，作用時間）によっては，これら 3 つの変形様式を示している．そのために，断層や褶曲などの地質構造が生じているのである．

b. 褶　曲　地層やその他の層状の岩石が力をうけ，波曲状に変形した連続的な構造を褶曲という．褶曲をなす地質体は，必ず層理や層状構造をもっている．厚い板を曲げようとしても簡単には曲がらないが，薄い紙の束を曲げるのはたやすい．褶曲の規模は数 mm〜数十 km まで幅広く，その形態もさまざまである．それでは褶曲の幾何学的要素，分類および変形機構について紹介しよう．

(1) 褶曲の幾何学要素と分類：　褶曲の各部位の幾何学的要素を図 4.30 (a) に示す．上に凸の部分をアンチフォーム，下に凸の部分をシンフォームといい，地層の上下関係（新旧）が判別できる場合には，上に凸の場合を背斜，下に凸の場合を向斜とよぶ．重要な幾何学的要素としては，褶曲軸（ヒンジ線）と褶曲軸面である．

褶曲の幾何学的分類として，褶曲軸の沈下角による分類（図 4.30 (b)），褶曲軸面の傾斜による分類（図 4.30 (c)），および褶曲の閉じ具合（閉塞性）による

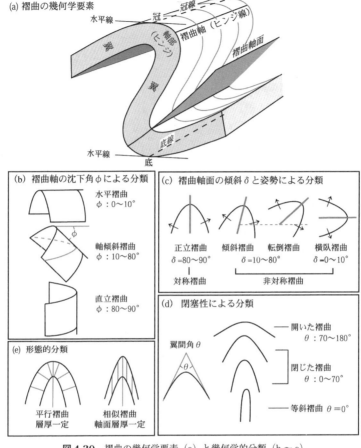

図 4.30 褶曲の幾何学要素（a）と幾何学的分類（b～e）

分類（図 4.30（d））がある．地層の層厚が軸部でも翼部でも一定のものを平行褶曲とよび，軸面に平行な方向での層厚が一定のものを相似褶曲とよぶ（図 4.30 (e)）．

平行褶曲と相似褶曲の両方の性質をもち，ジグザグの形をした褶曲をシェブロン褶曲という．また，1 つの凸部と 1 つの凹部の組合せだけから構成されている折れ曲がった褶曲をキンク褶曲（折れ曲がった部分をキンクバンド）とよぶ．

(2) 褶曲をもたらす外力の基本型： 褶曲をもたらす外力は，層面に平行な圧縮と，層面に垂直な圧縮の場合とがある．前者のメカニズムは座屈とよばれ，後者は横曲げとよばれている．プレートの沈み込みに伴う水平方向の圧縮力ででき

た褶曲山脈は，多くの場合座屈による褶曲が生ずる．一方，深部に伏在する断層の運動によってその上をおおう地層が褶曲する場合（撓曲^{とうきょく}）や，花崗岩の貫入や岩塩ドームの形成（ダイアピル）に伴って，それをおおう地層が褶曲する場合などは，横曲げによるものである．

　(3) **褶曲の変形機構に基づく分類**：　褶曲の形態は温度・圧力などの形成環境や，互層した地層の物性の違いなどによって変化する．

　褶曲はその変形機構によって，さまざまな分類案が示されている．ここでは，地殻浅部の低温条件から深部の変成作用の領域である高温条件に注目して，褶曲の変形機構の違いによる一般的な分類をみてみよう（図 4.31）．

　① 曲げ褶曲：硬い板を板に平行に力を加えて曲げようとすると，その板の外側では引っ張り力が，また内側では圧縮力が働く．その結果として，外側では伸張割れ目や正断層が，内側では逆断層や小褶曲が生じることがある（図 4.31 (a)）．

　② 曲げ-すべり褶曲：トランプやノートは両端を固定せずに曲げると，紙と紙との間に小さなすべりが生じて，簡単に曲げられる．しかし，それらの両端を固定して曲げようとすると，簡単には曲がらない．このように，地層などの面ですべりを伴って曲がる褶曲を曲げ-すべり褶曲とよぶ（図 4.31 (b)）．たとえば，砂岩・泥岩互層がこの機構で褶曲している場合は，軟らかい泥岩の部分ですべり，断層のような鏡肌^{かがみはだ}と条線が見られることがある．その条線の方向は，褶曲軸に対して直交することが多い．

　③ 劈開褶曲：座屈に伴い，褶曲軸面に直交する圧縮によって層内に圧力溶解が生じると，それが軸面にほぼ平行な劈開面となって，相似褶曲の形態をなすことがある．劈開褶曲には，弱変成領域で形成されるスレート劈開が伴われる（図 4.31 (c)）．

　④ 曲げ-流れ褶曲：温度・圧力の高い変成岩の領域に入ると，褶曲に劈開などの割れ目は見られなくなり，すみ流しのような形態をなすようになる．とくに，褶曲の軸部では単層の層厚が非常に厚くなり，翼部で薄くなる傾向が認められる．そのような単層の厚さが大きく変化するような褶曲を，曲げ-流れ褶曲とよぶ（図 4.31 (d)）．さらに，単層と斜交もしくは直交する方向に物質が移動すると極めて不規則な褶曲が形成され，それらは流れ褶曲とよばれる．いずれも変形機構としては，粒界拡散現象や転位の移動などの塑性変形が支配している．

　c. 断層とせん断帯　　岩石の破壊によって生じる破断面を総称して，断裂または割れ目という．断裂にはおもに次の4種類がある．

4.6 地質構造とその記載

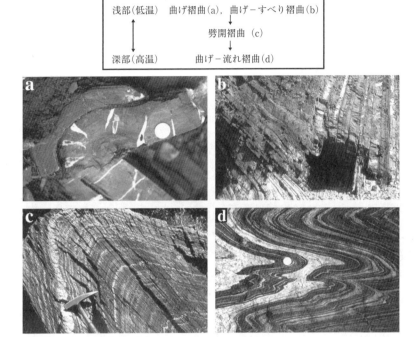

図4.31 変形機構の異なるさまざまな褶曲（写真はRamsay and Huber, 1987による）

① 節　理：面にそった変位が認められない断裂．
② 裂　罅（れっか）：面に直交する方向に変位が認められる開口した断裂．裂罅を鉱物が充填すると，鉱物脈（図4.31 (a) 参照）となる．クラック（ひび割れ）も裂罅と同義に使われることが多い．
③ 断　層：面にそって目で見える変位が認められる断裂．通常，ある幅をもつ破砕帯（はさい）を伴う．
④ 劈　開：岩石中に密に発達した（ペネトラティブな）割れ目．

ここでは，褶曲とならんで代表的な変形構造である断層とせん断帯について概説しよう．

(1) 断層の幾何学： 断層の各部の名称を図4.32に示す．断層面が垂直の場合を除き，断層面に対して上をおおっている岩盤を上盤（うわばん），下側の岩盤を下盤（したばん）とよぶ．一般には，断層は相対的な変位の方向（センス）を基準にして，正断層，逆断層（衝上断層），横ずれ断層（走向移動断層）の3つに区分される．横ずれ断

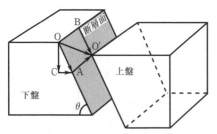

図 4.32 断層の幾何学要素
OO′：実移動，OB＝AO′：走向移動，OA＝BO′：傾斜移動（OC：落差，CA：ヒーブ），θ：断層面の傾斜．

層は断層をはさんで向かい側が手前側に対して左に動く左横ずれ断層と，その逆の場合の右横ずれ断層とに区分される．これらの断層と主応力軸との関係を図4.33に示す．そのほか，地層に平行で断層面の姿勢が水平に近い断層をデコルマまたはデタッチメント断層とよぶ．

衝上断層（スラスト）は逆断層のうちの断層面の傾斜がとくに低いものという定義があったが，いまでは逆断層の代わりに衝上断層とよぶことも多い．衝上断層によって，上盤がある程度の距離移動してきた場合，上盤側のある広がりをもつ地質体をナップとよぶ．ナップの基底断層は，しばしば水平に近いものがあり，そのような断層を押しかぶせ断層という（口絵6）．さらに，水平に近い断層の上盤が山体の頂上付近に孤立して分布する場合，それをクリッペといい，逆に谷底付近に下盤の岩体が孤立して分布している場合は，ウインドウ（またはフェンスター）とよぶ．大陸衝突域のアルプスやヒマラヤ山脈には，多くのナップが発達している．また，そのような地殻の水平方向の短縮が卓越する造山帯では，逆断層が次々と重ね合わさったデュープレックスという構造が認められる（図4.34）．

(2) 広域応力場と断層の運動センス： 互いに異なる方位を示す2つの断層が逆の運動センスをもち，両者が同時に形成したと考えられる場合，その2つの断層は共役関係にあるという．共役断層の鋭角の2等分線の方向が σ_1 となるので，

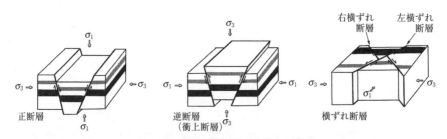

図 4.33 断層の種類と主応力軸との関係
正断層：上盤が重力の方向に正しく移動，逆断層：上盤が重力とは逆の方向に移動．

断層発生時の応力場が復元できる．日本列島の第四紀の広域応力場は，太平洋プレートとフィリピン海プレートが交錯している伊豆〜関東地方を除くと，ほぼ東−西〜西北西−東南東である．また，中部〜近畿地方に発達する主要な活断層の変位センスは，その走向が北西−南東の断層が左横ずれ，北東−南西もしくは東北東−西南西の断層が右横ずれである（図4.35）．前者の例として，糸魚川−静岡構造線，阿寺断層，根尾谷断層，山崎断層などが，また後者の例として跡津川断層，四国の中央構造線，1995年兵庫県南部地震をもたらした野島断層などがある．これらの逆方向の活断層群は，共役関係にあると考えられており，中部〜近畿地方はほぼ東西方向で水平な σ_1 をもつ広域応力場が復元される（図4.35）．

図4.34 露頭スケールのデュープレックス構造（スコットランド・モイン衝上断層帯，村田，1998）
ルーフスラストとフロアースラストにはさまれた逆S字状の断層をランプ，ランプにはさまれたレンズ状ブロックをホースとよぶ．

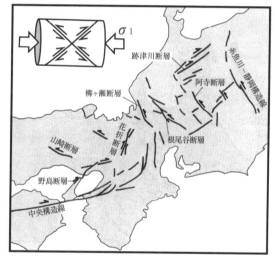

図4.35 中部〜近畿地方のおもな活断層（松田，1992を改変）
北西−南東走向の断層は左横ずれ，北東−南西走向の断層は右横ずれという顕著な規則性から，地殻がほぼ東西に圧縮されていることがわかる．

(3) 断層の地殻断面：　断層には，必ずある幅をもった破砕帯が存在する．地殻表層部の断層破砕帯内では脆性的に岩石が破壊していることから，脆性せん断帯ともよばれる．一方，地殻深部の変成領域に入ると，連続的な延性せん断帯を構成するようになる．このような脆性〜延性せん断帯を構成する断層に関連した岩石を断層岩とよぶ．断層岩は地殻表層部（<5 km）では未固結な断層ガウジや

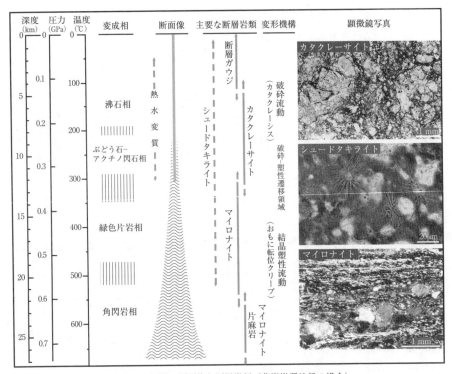

図4.36 断層の断面像と断層岩類（花崗岩質地殻の場合）

断層角礫であり，10〜15km 以浅では固結したカタクレーサイトが占め，いずれも脆性的な破砕とそれに伴う変質をうけている．それよりも深いところでは，石英などが塑性変形を示し，転位の移動や粒界拡散現象の卓越するマイロナイトが主体をなす．さらに地殻深部では，断層岩は片麻岩との区別がむずかしくなる．このように，地殻の深さに伴って，すでにのべた褶曲の変形機構と同様に，断層の変形機構も変化する．地殻表層部からマイロナイトが出現する地殻深部までの領域では，断層運動に伴う摩擦熱によって局所的に1000℃をこえる温度に達することがあり，融解・急冷した暗色脈状岩石を生ずることがある．このような岩石はシュードタキライトとよばれている．図4.36に，断層の地殻断面像，断層岩類，変形機構などを示す．

4.7 地球表層の変化

地球の表層では，地球内部エネルギーによる大地の変動や火山活動によって形

成されてきたリソスフェア（岩石圏）と，太陽エネルギーを動力源とする気圏および水圏とが接し，それらの相互作用が営まれている．生物の出現後は，生物の営みによる生物圏がこれらの3圏に加わり，相互に影響を与えながら，地球表層を変化させている．

a. 風化作用　地殻表層の岩石は大気と水の循環によって，また生命の成長や代謝などの作用によって，徐々に崩壊，分解，溶解して砕屑物や土壌に変化する．これを風化作用という．風化作用は物理的風化，化学的風化，生物的風化の3つに分けられる．それぞれの風化作用は単独に働くのではなく，互いに関連しながら岩石の風化を促進している．

(1) 物理的風化：　岩石を崩壊し細片化するのに最も大きく作用するのは，温度の変化である．造岩鉱物の線膨張率は小さいが，鉱物種の違いや同じ鉱物でも結晶軸の方向によって異なるものがある．地表に露出する岩石は，日中は太陽の輻射熱（ふくしゃ）をうけ，夜間はそれを放出し，膨張と収縮をくり返すため，造岩鉱物粒ごとに分離し，さらに鉱物内部にも劈開などにそう割れ目を形成する．日較差の大きい内陸性の乾燥気候地域では，とくにその影響が大きい．また，岩石のなかでも花崗岩などの粗粒な岩石ほどその影響をうけやすく，風化が進んで砂状になったものは真砂（まさ）とよばれる．

岩石の隙間や割れ目にしみ込んだ水は，寒冷地では凍結することから，そのときの体積の膨張によって，岩石の細片化を進めることになる．また，岩石の表面や節理にそった部分で風化が進行しやすいことから，岩石表面は皮殻状に剥離（はくり）し，玉ねぎ状構造を形成する（口絵7 (a)）．逆に風化を免れた内部はコアストーン（風化核）とよばれ，丸みを帯びた形をなす．物理的風化によって細片化した岩石は，結果として全体の表面積が増加するので，さらに次にのべる化学的風化をうけやすくなる．そのほか，砂岩などの表面に蜂の巣状のくぼみが発達したものをタフォニとよぶ（口絵7 (b)）．岩石表面に浸透した塩類が結晶化するときに，岩石表面を破壊したものと考えられている．

(2) 化学的風化：　岩石を構成する鉱物が化学的に分解・変質し，また溶解する作用である．化学的風化には，酸化作用，炭酸化作用，水和作用，溶解作用などがあり，それぞれ独立に作用する場合と，いくつかの組合せで作用する場合とがある．これらの作用にはいずれも水が重要な働きをしており，温度と溶存成分ならびに鉱物種によって，化学的風化が大きく支配される．したがって，湿潤気候下では化学的風化が促進される．

① 酸化作用：造岩鉱物のなかでも鉄分を含む有色鉱物は，酸化によって赤褐色を示す．大陸地域の先カンブリア時代の赤色砂岩や赤色の縞状鉄鉱層は，大気中に酸素が増加して酸化環境になった証拠である．

② 炭酸化作用：大気中のCO_2が水に溶けると，炭酸（H_2CO_3）を生じる．炭酸は造岩鉱物と反応し，炭酸塩鉱物をつくる．斜長石や角閃石からCaが溶脱し，炭酸と結びついて方解石（$CaCO_3$）になる反応などがあげられる．

③ 水和作用：酸化鉱物や珪酸塩鉱物が水と反応して，水酸化鉱物や含水珪酸塩鉱物となる作用である．前者の例としては磁鉄鉱から褐鉄鉱への変化，後者の例としてはかんらん石の蛇紋石化や，造岩鉱物から粘土鉱物への変化があげられる．カリ長石がCO_2を含む水と反応すると，下記のように粘土鉱物の一種であるカオリナイトを生ずる．

$$\underset{\text{カリ長石}}{2KAlSi_3O_8} + 2H_2O + CO_2 \rightleftarrows \underset{\text{カオリナイト}}{Al_2Si_2O_5(OH)_4} + K_2CO_3 + 4SiO_2$$

④ 溶解作用：水が造岩鉱物の可溶成分を溶解する作用である．溶解作用は水の温度やpHによって規制される．たとえば，石灰岩地域では下記のような反応によって，鍾乳洞（溶解→）や鍾乳石（析出←）が形成される．

$$CaCO_3 + H_2O + CO_2 \rightleftarrows Ca^{2+} + 2HCO_3^-$$

熱帯気候下においては，高温と多雨のもとで造岩鉱物が分解・溶脱され，FeやAlの含水酸化物が残留して土壌化し，ラテライトが形成される．アルミニウムの原料鉱石であるボーキサイトは，風化残留によって生成したものである．

(3) 生物的風化： 植物の根が岩石の割れ目のなかで成長すると，くさび作用をもたらし，物理的風化を促進する．さらに，各種の植物酸は岩石を溶解する働きをする．また現在では，人間の営みに伴う土木工事による岩石の物理的破壊や，化石燃料の消費による大気汚染で生みだされる酸性雨は，地表に無視できない風化作用をもたらすに至っている．

b. 侵食作用 地球の表面はたえず風，雨，河川，氷河，海洋や湖沼の波浪などの営力によってけずられ，風化生産物はその源地から運びさられて，一刻の休みもなく地形が変化している．この作用が侵食作用である．

(1) 風による侵食： 風による侵食（風食）は，細粒な風化生成物を吹きとばして地表を侵食するデフレーションと，飛散する砕屑片が研磨剤として働き，露出した岩石を侵食するウィンドアブレージョンとがある．とくに乾燥地域では，風食によるさまざまな地形が見られる．

(2) **雨による侵食**: 降雨による直接の侵食を雨食（雨洗）という．植生のない裸地に降る雨は，物理的に雨痕をうがち，豪雨時には雨谷や雨裂を形成する．砂礫や火山角礫からなる山体では，雨洗によって大きな礫以外の部分が選択的に侵食されて垂直な崖をつくったり，土柱をつくりやすい．石灰岩地域では化学的

図 **4.37** 石灰岩の溶食地形（中国・雲南省石林，高木秀雄撮影）溝状のくぼみをカレンという．

溶食を伴って，カレンとよばれる溝状の小地形が形成される（図 4.37）．カレンが発達して石灰岩柱が林立する地域は，カレンフェルトとよばれる．

(3) **河川による侵食**: 河川による侵食（河食）は，水が運搬する砂礫が研磨剤となって物理的に削剝（さくはく）する場合のほか，水が基盤岩の可溶物質を溶脱する場合がある．また，河川は基盤岩を下方侵食（下刻）するほか，側方侵食や場合によっては頭部侵食を伴いながら，河床を掘り下げ，Ｖ字谷をつくる．

(4) **氷河による侵食**: 氷河による侵食（氷食）は，破砕作用と研磨作用に分けられる．氷河の圧力の変化に伴って，氷河基底部では氷の融解・凍結現象がくり返され，基盤岩の破砕作用が促進される．氷河はそれ自身の重量によって，基盤に強い摩擦を与えるだけでなく，氷河のなかにはさまれた岩塊が研磨剤となって，基盤の突出部をけずりとったり，研磨したりする．その結果，基盤の岩石表面には擦痕（さっこん）や溝が形成される．氷河は河川に比べて，はるかに大きい侵食力をもち，Ｕ字谷をつくる（口絵 8）．氷河の流動速度は，1 日あたり数 cm～100 m と変化に富む．

(5) **波浪による侵食**: 海洋の侵食作用は，主として波浪と潮流による物理的なものである．波浪による侵食は，波浪が海岸に打ち寄せるときの圧力と打撃作用，狭い割れ目中での海水の圧縮とはぎとり作用，砂や岩片を研磨剤とした磨食作用がおもなものである．波浪の侵食は波浪限界水深（暴風時で 50～80 m）より浅い海底にもおよび，海食台を形成する．潮流は海峡部の海岸や海底を，河川の作用と同様に侵食する．

c. 運搬と堆積　侵食された風化生成物は砕屑物や溶解物質として，それぞれ媒質の密度や運搬様式を反映した方法で運搬され，最終的には移動を停止して堆積し，それぞれ特有の堆積物を形成する．

(1) 運搬作用：　運搬する媒質は気体（風），液体（水）および固体（氷）があるが，ここでは風と河川による運搬をみてみよう．

風が物質を運搬する方法には，浮遊，転動そして跳動がある．1883年のクラカタウ火山の噴火の例にみられるように，火山灰が成層圏にまで達し，長期間浮遊して世界中に運ばれることがある．河川が物質を運搬する方法には，溶解，浮遊，転動，跳動および滑動がある．砕屑粒子がいずれかの方法で運搬されるかは，粒子の粒径，比重，形態，河川の流速，流れの種類などによって決まる．

砕屑物粒子は運搬作用の過程で粒子同士が衝突し，河床を転動して円磨作用をうけ，しだいに丸みをおびるようになる．粒子の直径や比重の差によって運搬の途中でふるい分けがおこなわれ，運搬物は泥，砂，礫などの粒子ごとにグループ分けされる．また，比重の大きい重鉱物も濃集する．

(2) 堆積作用：　堆積作用を次の5つの要因に分けて，説明する．

① 風：風による運搬・堆積作用でできた砂丘や黄土などの風成層には，それを構成する砕屑物粒子や堆積様式に特徴がある．たとえば，火山灰や黄土などの極端に細粒な物質は長時間浮遊しており，降雨に伴って初めて降下し堆積することもある．砂丘は砂漠や海岸に形成され，それを構成する砂粒は空気中の砂粒同士の磨耗作用で著しく円磨されている．また，砂丘内部には通常くさび形の斜交葉理が発達する．黄土は中国北部，ヨーロッパ，北アメリカ，ニュージーランドなどに分布し，その供給源は地域によって異なる．ヨーロッパや北アメリカの黄土は，細粒の氷河堆積物が風によって運搬され，堆積したものであるのに対し，中国北部の黄土は，北西部の乾燥した砂漠地帯が起源とされている．

② 河川：河川の流速や水量の減少，運搬物質の増加に伴い，または河川が湖沼や海中に流入することによって，それまで運搬されてきた砕屑物は堆積を始める．侵食，運搬および堆積に関わる水の流速と砕屑粒子の粒径との相関図を図4.38に示す．粒子の初動速度に注目すると，泥よりも粗粒な砂の方が移動しやすいことを示している．

③ 氷河：氷河の運搬した堆積物は，粘土から巨礫に至るまでの淘汰の極めて悪い砕屑物からなり，層理はふつう認められない．巨大な岩塊も運搬・堆積される．氷河の堆積物は漂礫土または氷河堆積物とよばれ，それが固結した岩石を

漂礫岩という．漂礫土が氷河の移動によってはき寄せられると，モレーン（氷堆石堤）とよばれる地形をつくる（口絵9）．

④ 湖　沼：河川が湖沼に流入する場所では，砕屑物は河口付近に堆積して三角州を形成する．また，湖沼岸や水面に生育する水生植物の遺骸(いがい)が砕屑物とともに堆積すると，泥炭層を含む堆積物が形成される．湖沼堆積物には，砕屑性堆積物のほか，化学的堆積物も多く含まれる．たとえば，乾燥地

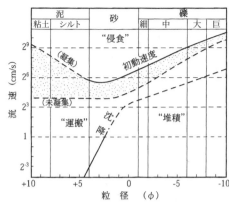

図4.38　粒子の移動開始（侵食），運搬，沈積と停止（堆積）がおこる粒径と流速との関係
$\phi = -\log_2 d$, d は粒径（mm）．

域の流出量の少ない湖では，河川から運搬・流入される塩類が蓄積され，海水より塩分濃度の高い塩湖も存在する．このような湖では，水の蒸発によって岩塩，石こう，硬石こうなどからなる蒸発岩が形成される．

⑤ 海　洋：海洋における堆積作用は，海岸，浅海，半深海，深海などによって，それぞれ異なっている．海岸部や浅海部においては，波浪，潮流および海流による堆積作用が顕著である．河口付近では陸源物質を主とする堆積物の，海岸部では陸源物質と動植物遺骸の砕屑物からなる堆積物の集積がおこなわれる．半深海部や深海部には，陸源砕屑物は通常ほとんど運搬されず，海面付近に生活する生物の遺骸や，風で運搬された細粒の物質が主として堆積する．これに加えて，混濁(こんだく)流によって浅海堆積物が流入していることもある．深海の堆積物としては，軟泥，青泥，赤色粘土などがあり，そのほか宇宙塵などの地球外物質も認められている．まれに，氷山が漂流運搬してきた岩塊が，氷山の融解によって深海底に落下したドロップストーンとして，粘土のなかに存在することがある．また，海底にはFe，Mn，Pなどの元素が濃集したマンガン団塊が堆積しており，未来の海底資源として注目されている．

d．整合と不整合　　堆積作用が中断することなく進行すると，地層は下から上へ連続的に積み重なって形成される．この地層間の重なりの関係を整合という（図4.39）．ある地層が堆積後あるいは火成岩や変成岩の形成後に隆起し，陸上で風化・侵食作用をうけ，その侵食面上に新期の地層が堆積したとき，両者の関係

を不整合という．これら新旧2層の間には，著しい堆積作用の中断，すなわち堆積間隙（ハイエイタス）が存在する．整合であっても，地層間に堆積の時間間隙があることもあり，その境界を認定するのはしばしば困難であるが，不整合の場合は陸化→侵食→堆積という一連の事象を含む場合に用いられる．

不整合には，下位と上位の地層が平行な平行不整合（非整合），下位の地層を上位の地層が切って斜交している傾斜不整合，下位が地層ではなく花崗岩や変成岩をけずっている無整合などに区分されている（図4.39）．不整合の認定は，化石による時代の欠如の認定はもちろんであるが，露頭での認定は傾斜不整合を除いてむずかしい場合も少なくない．しかし，侵食された下位の岩石が礫として上位の地層の基底部に堆積していることが多く，そのようなものを基底礫岩という．不整合は地殻変動の様子や，その形成年代を解明する手がかりを与えてくれる重要な事象である．

e. 海水準の変動

(1) 海水準変動: 海面の陸地に対する昇降運動を海水準変動という．海水準変動には，海面そのものの絶対的な運動（ユースタシー）と，陸地の隆起・沈降など，地域的な地殻変動の結果として現れる見かけの運動（相対的海水準変動）とがある．前者の原因には，① 海水の体積変化，② 海底地形の変化，③ ジオイドの変形，④ 天体の引力があげられる．

① は陸域の氷河の消長に伴うもので，氷期–間氷期といった気候変動に大きく左右され，氷河性海面変動とよばれている．② はマントルプルームやマントルの冷却などに伴う海洋地殻の構造運動や海底火山の溶岩噴出など，海洋容積の変化に伴うものである．③ は地球の質量

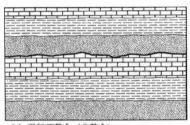
(a) 平行不整合（非整合）

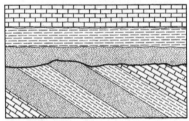
(b) 傾斜不整合

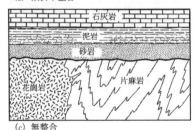
(c) 無整合

図4.39 不整合の分類（Seyfert and Sirkin, 1979）
細い線の層境界は整合で，太い線の層境界が不整合である．

4.7 地球表層の変化

分布が変化して海水の移動が生じたもので，④としては潮汐性の海水準変動があげられる．

海水準の変動は前述した地層の運搬・堆積様式にも影響を与えている．くり返される海水準変動は，堆積サイクルをつくりだす要因となりうる．全地球規模で生ずる海面の上昇や下降が，ローカルな堆積盆に堆積した堆積物の重なり（シークエンス）のなかにも記録されうる．このような海水準変動を時間軸にとって層序を組み立て，それを地球規模の海水準変動と対比しようという試みが，海底油田探鉱のための音波探査データの蓄積とあいまって1970年代後半に始まった．それがシークエンス層序学である．

ミランコビッチ（M. Milankovitch，ユーゴスラビア）は公転軌道の離心率，地軸の傾き，歳差運動（コマにみられるみそすり運動と同様）の3つの周期的変化に基づいて，緯度ごとの太陽放射量を60万年前までさかのぼって計算した．その結果，軌道離心率については約40万年と10万年の周期，地軸の傾きの変化は4.1万年の周期，歳差運動については2.3万年と1.9万年の周期をそれぞれ示した（図4.40 (a)）．その後，深海底堆積物の古地磁気層序，年代測定，酸素同位体比による古水温の推定などの技術が発展し，1970年までに過去70万年間に氷期と間氷期のサイクルが7回あり，その周期が10万年であることが明らかにされた．さらに，深海底堆積物の酸素同位体比の変動が詳細に調べられ，ミランコビッチが計算した周期性が確認された（図4.40 (b)）．このような天体運動の

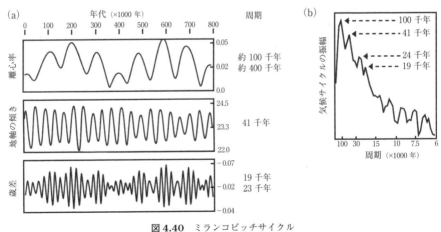

図4.40 ミランコビッチサイクル
(a) 天体力学計算によって求められた過去80万年の軌道要素の変動とその周期 (Imbrie et al., 1984).
(b) 深海底堆積物の酸素同位体比変動のスペクトル（インブリー・インブリー，1982）.

変動周期は海水の体積変化をもたらし，海水準変動にも影響をおよぼす．

(2) **段丘の形成**： 段丘は河川の氾濫原や海岸平野・海食台が離水した地形で，平坦な段丘面とそれを刻む段丘崖からなる．河成と海成とでは一般に形成要因が異なる．河口近くの河成（河岸）段丘はおもに氷河性海面変動による河床勾配の変化に支配され，間氷期（海進期）に生じた三角州などの広い平坦面が隆起した地形である．これに対して，中・上流部の河成段丘はおもに気候変化で流量や運搬岩屑量が変化した結果生じる．氷期に河川の岩屑運搬力が衰退し，堆積や側侵食作用が卓越してできた氾濫原は，間氷期になると流量が増え岩屑量が減少した結果，下刻されて広い段丘面が形成される．なお局地的には，火山活動や山地崩壊で埋積-侵食がおこって急速に形成された河成段丘もある．一方海成（海岸）段丘（口絵10）は，間氷期に生じた海岸平野や海食台が離水した地形である．地殻変動が定常的に隆起傾向にある場では，その時代の古さに応じて数段の段丘地形が生じる．これは河成段丘でも同様である．短い時間単位では，有史時代の巨大地震によって陸側が数mほど隆起して生じた海成段丘も知られている．

5. 地球の歴史

　地球の歴史は46億年におよぶ．そのなかで，地殻，海水，大気，そして生命は徐々に，またときには急激にその姿を変えて，現在に至っている．現在の地球の状態を理解し，また未来の地球の姿を予想するためには，地球誕生以来の歴史の解読が不可欠である．また，現在の惑星地球における日本列島の地球科学的な位置づけを探ると，地球の歴史を解読する重要なヒントが明らかになった．本章では，これまでに学んだ事項を総合化して，惑星地球そして日本列島の歴史を解説する．

5.1　地質年代と地質年代尺度

　過去における生物界や岩石誕生の様子，その後のいろいろな地質現象などは，地層や岩石のなかに断片的ではあるが記録されている．これらの情報を正しく読みとることによって，地球の歴史が解明されてきた．地球の歴史を組み立てるためには，まず時代区分の体系をつくり，地層や岩石をこれにあてはめ時代順に整理して，検討することが必要である．地層や岩石の形成に関連して認識される地球の年代を地質年代という．また，近年急速に進歩した放射性同位体の壊変を利用した鉱物や岩石の年代測定の結果を適用することによって，相対的な地質年代に絶対的な年数をあてはめた地質年代尺度が作成されてきた．

a. 層序区分と対比　　地層の積み重なりの順序を層序（そうじょ）という．地層の重なりのなかに秩序を見出して，これをいくつかの単位に分けることが層序区分である．対比（たいひ）とは，離れた地域に分布する地層間の同時性を決めることである．地域ごとに層序区分をおこない，これらを互いに対比してゆけば，世界各地の地層の時代的な分類ができるわけである．層序学の父とよばれるスミス（W. Smith, イギリス）によって，19世紀初頭に確立された2つの法則（3.5.c項参照），すなわち「地層累重（るいじゅう）の法則」と化石による「地層同定の法則」とが，この場合の基本原理となっている．しかし，日本列島などのプレート収束境界で形成される付加体については，これらの法則や次にのべる岩相層序区分の単位などを単純に適用することはできないので，注意が必要である（3.5.d項，5.5.b項参照）．

地層を区分する場合，岩相に基準をおく岩相層序区分と，化石に基準をおく化石層序区分との2つの方法がある．岩相層序区分は，区分の大きい方から順に，層群 (group)→層 (formation)→部層 (member)→単層 (stratum) の単位が用いられる．単層は上下を層理面（地層面）によって境された1枚の地層である．いくつかの単層の集まりが部層であり，特有な岩相をもつことによって他の部分と区別される．層や層群も同様にして定義される．1つの堆積盆地で形成された地層で，上下を不整合面（図4.39参照）で境されているものを層群とよぶことが多い．

化石層序区分の基本的単位となるものは化石帯である．一連の地層のなかで，上下にわたって化石を多産する地層では，層序的位置によって異なる化石帯が細かく区分できる．しかも，それぞれの化石帯は地域的に広く追跡されたり，異なる地域の地層同士を対比することができる．地層の相対的な年代を知るのに有効な化石のことを示準化石という．示準化石としては，その生物の進化の速度が速く，生存期間が短く，地理的分布が広く，個体数が多いものほど有効である（図5.1）．示準化石や化石帯は地層の対比の手段として最も効果的である．

b. 地質年代の区分体系：相対年代　　化石層序区分は具体的な地層の区分であるが，そこから生物進化で代表される時間を抽象してゆくと，地質年代の相対的な区分ができる．現在使われている顕生代の区分体系（図5.2）は，主として海生無脊椎動物の進化に基づくものである．このようにして区分された地質年代は，種々の地質現象の新旧関係を相対的に示すことから，相対年代といわれている．相対年代は生物が顕著に出現し始める顕生代と，それ以前の先カンブリア時代に二大別される．

生物の痕跡が少ない先カンブリア時代（46~5.41億年前）は，化石による時代区分が困難であるため，古い方から順に，冥王代，太古（始生）代および原生代に区分されている．放射年代測定によって，先カンブリア時代は40億年以上の長さを

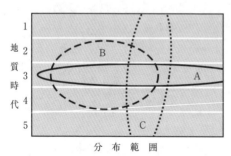

図5.1 示準化石の条件
A, B, Cの3種の化石では，Aが3の地質時代にだけ産出し，分布も広いので，示準化石として最適である．Bは2~4の時代にまたがる示準化石であるが，その価値はAより劣る．Cは1~5以上の時代に産出しており，示準化石として役立たない．しかし，分布が限定されているので，示相化石（古環境を示す）になりうる．

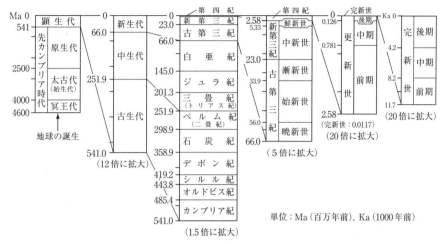

図 5.2 地質年代区分と地質年代尺度（ICS, 2018, 理科年表, 2018 から編図）

もつことがわかり，1980年代以降には地球および生物の進化にとって重要な事象の多くが明らかにされてきた（5.2節参照）．

顕生代（5.41億年前〜現在）は三葉虫やフズリナが栄えた古生代，アンモナイトや恐竜が全盛を誇った中生代，そして哺乳類が繁栄し人類の登場に至る新生代に区分される（5.3, 5.4節参照）．さらに，各「代」は「紀」→「世」→「期」の順に細分される（図5.2）．このような顕生代の区分は，近代地質学発祥の地であり，しかも化石に富む浅海成層が比較的単純な地質構造をとってよく発達している西ヨーロッパで，19世紀中ごろにその基礎が確立された．したがって，各時代を代表する模式的な地層は，たいてい西ヨーロッパにあり，その他の地域のものはこれに対比して時代が決められている．

時代区分の単位とそれぞれに対応する地層や岩石，すなわち地質系統については，その単位の大きさの順に表5.1のような区分と用語が用いられる．たとえば，中生代白亜紀にできた地層は，中生界白亜系とよばれる．

c. 絶対年代：放射年代　放射能の発見（19世紀末）とその後の核物理学の発展に伴って，放射性同位体の壊変を利用して，岩石や鉱物の形成年代を数値として求める方法が20世紀初頭に開発された．この年代測定法は1950

表 5.1 地質年代と地質系統との関係

地質年代	地質系統
代 (era)	界 (group)
紀 (period)	系 (system)
世 (epoch)	統 (series)
期 (age)	階 (stage)

年以降には，地球科学の研究手法として有効性を発揮するようになり，その年代が絶対年代とよばれるようになった．しかし，絶対年代という用語は誤解されやすい要素を含むため，放射性同位体を用いてえられた年代については，放射年代（あるいは同位体年代）とよばれている．最近では，数値年代ということもある．現在，いろいろな放射年代測定法が開発されているが，いくつかの代表的な例の概要を表5.2に示す．

このようにして現在では，個々の鉱物や岩石の年齢が簡単に測定されるようになり，さらに地球の年齢や地球外物質の年齢も明らかにされている．

放射年代に使用される国際度量衡単位（SI単位）は，一般にMaが使用され，100万年（10^6年）前を意味する．たとえば，225Maは225×10^6年前，すなわち2億2500万年前を意味し，相対年代では中生代三畳紀の後期に相当する．Ka（10^3年前）やGa（10^9年前）を使うこともある．放射性炭素（^{14}C）年代の場合には，年代値のあとにBP（before present）がつけられる．これは1950年を年代値の基準年（原水爆実験のために大気中の^{14}Cの量が増加したため）として，それから何年前という数え方をする．たとえば，2000年BPと記されていれば，1950年から2000年前ということである．

d．地質年代尺度 地球の歴史の相対的な地質年代に年数という時間的な目盛りをつけたものを地質年代尺度という（図5.2，後見返しの2つの表）．これは地質年代の詳しくわかっている地層中にはさまれている火山岩や，地層との関係

表5.2 おもな放射年代測定法の概要

方法	U-Pb法		Rb-Sr法	K-Ar法	^{14}C法	FT法
親元素	^{238}U	^{235}U	^{87}Rb	^{40}K	^{14}C	^{238}Uの自発核分裂による飛跡の数を利用
壊変形式	α, β^-	α, β^-	β^-	電子捕獲	β^-	
娘元素	^{206}Pb	^{207}Pb	^{87}Sr	^{40}Ar	^{14}N	
半減期（年）	44.7億年	7.04億年	488億年	12.5億年	5730年	
測定に適した年代範囲	数百万年前以上		1千万年前以上	数万年前〜数億年前	5〜6万年前以下	数万年前〜数億年前
測定に適した鉱物など，および閉鎖温度（約℃）	ウラン鉱物 ジルコン（710） モナザイト（710） 褐れん石（680） 火成岩 隕石		白雲母（500） 黒雲母（300） カリ長石（310） 海緑石 火成岩 変成岩 隕石	白雲母（350） 黒雲母（300） カリ長石（150） 角閃石（600） 海緑石 火山岩	木片 木炭 泥炭 貝化石 動物骨 土器 建材	ジルコン（240） りん灰石（130） チタン石（340） 白雲母（170） 黒雲母（100） 褐れん石 火山ガラス

FT法：フィッション・トラック年代測定法．

から地質年代がわかっている深成岩の年代測定をすることによってつくられてきた．1913 年にホームズ（A. Holmes，イギリス）が最初に顕生代の年代尺度をつくって以来，新しい有効な年代データが集積するにつれて，時代とともに何度も改訂されてきた．

本書で使用した地質年代尺度は，2018 年に IUGS（国際地質科学連合）によって採用された区分（ICS，2018，理科年表，2018）にしたがっている．地球科学とくに 5.2 節以降の地球や日本列島の形成史を学ぶときには，常に後見返しの地球史年表と顕生代年代表とを参照していただきたい．

5.2 地球 46 億年史の概観：先カンブリア時代

惑星地球は約 46 億年前に微惑星の衝突によって，太陽系の他の惑星とほぼ同時に生まれた（1.1.b 項参照）．おのおのの惑星表面では，隕石爆撃の衝突エネルギーが熱エネルギーに変換され，その熱は惑星内部に蓄積された．衝突で蓄積された熱によって惑星表面の岩石は高温になり，ほとんど溶解して，地球はマグマオーシャンでおおわれた．この状態で微惑星の物質中から重い金属（鉄とニッケル）が分離し，地球の中心へ落下し，核を形成した．残りの石質部（珪酸塩）はマントルとなった．この段階を地球の誕生とみなす．原始地球では，隕石に含まれていた二酸化炭素や水（水蒸気）などの揮発性成分（ガス）が地球の重力によってとらえられ，最初の大気（始原大気）となった．

地球史を先カンブリア時代（46～5.41 億年前）と顕生代（5.41 億年前～現在）に分けて，それぞれを本節と次節で解説する（後見返しの地球史年表を参照）．

地球史 46 億年の 88％の時間を先カンブリア時代が占める．その名称は，顕生代最初のカンブリア紀以前の時代を一括してつけられた．ただし，1980 年代以後の研究によって，先カンブリア時代には地球および生命の進化の方向を決定づけた重大事件が何回もおきたことが明らかになり，地球史全体のなかでは，顕生代よりもはるかに重要な意味をもつ時代と理解されるようになった．

a．冥王代（46～40 億年前）　　地球誕生期から最古の岩石の形成年代までの 6 億年間を冥王代とよぶ．微小な鉱物粒（44 億年前）を除くと，岩石や地層といった具体的な証拠が地球上に残されていない情報欠落の時代である．したがって，この時代の地球の歴史は，すべて月の岩石や隕石の記録，また惑星形成に関するモデル理論に基づいて，間接的に復元されている．

冥王代の早い時期に，地表の温度も下がり，マグマが固結して最初の地殻が形

成された．大気中の水蒸気も冷却・凝固して，地球最初の雨によって一気に水をたたえた海洋ができた．この時点から，地球は核，マントル，地殻および大気・海洋という現在と同様の多層の球殻構造をもつようになった．マントル内では，惑星内部に蓄えられた熱を宇宙空間へ放出するために対流が生じ，多数のプルームが活動した．

地球の生物の体をつくる基本物質であるアミノ酸は，無機化学反応でも合成される．また，宇宙空間をただよってきた隕石中からも，多様なアミノ酸が確認されている．アミノ酸が満ちていた冥王代の地表では，生物誕生の準備が整っていたのだろう．しかし，膜をもち，物質やエネルギー代謝をおこない，そして自己複製できる最初の生物の出現過程は，まだよくわかっていない．

b. 太古代（40〜25億年前） 太古代の岩石や地層は，世界の主要な大陸内の安定大陸とよばれる部分に限って産出する．

(1) 地球最古の岩石・地層・生命： これまでに知られている地球最古の岩石は，カナダ北部のスレーブ地域に露出する40億年前のアカスタ片麻岩である．東アジアでも，中国北部に35億年前の岩石が産する．それらのなかで，グリーンランド南部のイスア地域に産する38億年前の礫岩や玄武岩質枕状溶岩は，重要な意味をもっている（口絵11）．なぜなら，礫岩は陸上での侵食・削剥作用，河川による運搬作用，そして海での堆積作用の証拠であり，また枕状溶岩はマグマの水中噴火を意味するからである．どちらの証拠も，ともに38億年前にすでに海が存在していたことを示している．

また，イスア地域の岩石と地層の組合せは，現在の海溝でできる付加体のものと共通で，強い水平圧縮によってできた褶曲や断層のパターンもよく似ている．おそらく38億年前には，すでに地殻および最上部マントルはプレートを形成しており，現在と同様なプレート沈み込みを含むプレートテクトニクス（4.2節参照）が稼働していたと考えられる．これらの成果は1990年代初頭に，丸山茂徳ほかの日本人研究者によって初めて明らかにされた．

イスア地域の対岸，カナダ・ラブラドル地域にも同様な39億年前の堆積岩がみつかり，その中には，炭素質の微粒子が含まれている．それを構成する炭素の同位体（^{12}Cと^{13}C）の比率は，それらが生物のつくった有機物であったことを示している（化学化石）．このように，39億年前の海では，確実に生命活動が始まっていた．おそらく隕石爆撃終了後に，生命が生存し続けられる場としての海洋が安定に存在するようになったのであろう．

生物としての外形を残した化石で最古の例は，西オーストラリアのピルバラ地域から発見された35億年前のバクテリア化石である（図5.3）．ほとんど変成作用をうけていない堆積岩中に，長さ数十 μm の有機炭素質でフィラメント状の微化石が産し，現世のバクテリアとよく似た構造をもつ．この堆積岩は35億年前の中央海嶺軸部の海底にあった熱水の噴出孔周辺で堆積したチャートである．最古の化石バクテリアは，深海の中央海嶺に生息し，熱水による化学反応エネルギーを利用して生活していた化学合成細菌の仲間とみなされる．太古代の大気および海水には二酸化炭素があふれ，酸素はほとんど含まれていなかったので，最初に現れたバクテリアは嫌気的な環境でだけ生息できるものだった．

(2) 最古の小大陸・光合成： 太古代をとおして活発なマントル対流がおこり，表面ではプレート運動がおきた．その結果，地球のあちこちに沈み込み帯と，それに伴う沈み込み型造山帯が多数できた．プレート沈み込みによってできる造山帯では，活発なマグマ活動がおこり，大陸地殻の主要な構成物である花崗岩質岩石が形成される．太古代の初めころは，島状の小さな大陸性地殻が形成されただけであったが，活発なプレート運動によってそれらの小さな地塊同士が衝突すると，互いに合体して大きな大陸地殻の塊となった（図5.4）．その結果，太古代後半に初めて陸域とよべるサイズの陸地ができた．それ以降も，プレートが動き続け，造山帯では花崗岩質の大陸地殻が生産されたために，大陸地殻物質は地球の表層に蓄積されていった．

それらの小陸地がさらに集積して，初めて大陸サイズの地塊ができたのは約27億年前であった．大陸の出現は，この時代までに地球全体の冷却が進んだ結果，マントル対流の様式が全対流（現代型）に変わったことと関係しているらしい．マントル対流のスケールが大きくなり，巨大プルームが活動し始め，地塊の衝突・合体を促進したと考えられる．

地球上に酸素発生型の光合成生物が初めて現れたのは，

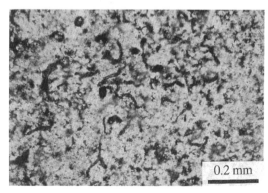

図5.3 世界最古（35億年前）のバクテリア化石（西オーストラリア・ピルバラ産，上野雄一郎・磯崎行雄撮影）黒色繊維状で炭素質な部分が化石．

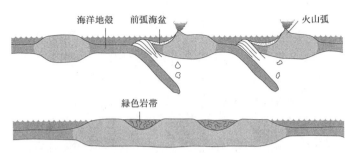

図 5.4 小さな火山弧の衝突・合体と大陸の成長（Stanley, 1999 を一部改変）
海洋プレートの沈み込みで小さな火山弧が次々に衝突・合体し，大陸をつくった．
衝突帯は緑色岩帯として残った．

約 27 億年前であった．世界各地で堆積した石灰岩中に，ストロマトライト（口絵 12）がいっせいに出現した．ストロマトライトは酸素発生型の光合成能力をもつ細菌であるシアノバクテリアがつくるコロニーである．

シアノバクテリアは遺伝情報を含む DNA を裸のまま細胞内に含む原核生物である．ヒトを含む現代の動物はすべて，DNA を細胞内の核に収納する真核生物であり，各種のバクテリアからなる原核生物とは大きく異なる．シアノバクテリアの出現は，他の生物にたよらず，水や二酸化炭素などの無機物と太陽光エネルギーだけを利用する独立栄養獲得方式が確立したことを意味している．ストロマトライトはその後さらに大型化・複雑化したが，動物の出現と入れかわりに原生代末までに衰退した．光合成の確立は，現在の生物界を支える食物連鎖の基礎をつくり，生物が大型化あるいは多様化してゆくうえでの大前提となった．

c. 原生代（25～5.41 億年前） 原生代では，現代に近い形のプレートテクトニクスが順調に働き続け，大陸地殻の量が増加した．原生代の地球表層は 2 度の極端な寒冷期を迎えた．23 億年前と 8～6 億年前の全球凍結事件である．両極地域はもちろん赤道付近の大陸でも氷河が成長し，すべての海洋の表面が凍結したため，地球は白く輝く星となった．全球凍結事件の原因はまだよくわかっていない．その直後に，生物は段階的に大型化および複雑化した．

(1) 地殻と生物の発展： 約 19 億年前ころになると，あちこちにできた主要な大陸塊が地球上の 1 か所に集まり，超大陸ヌーナをつくった（図 5.5）．ヌーナは 17 億年前までに分裂し，再び複数の大陸塊が生じた．ヌーナ以降は，主要な大陸塊が離合と集散をくり返し，間欠的な超大陸の形成と分裂の歴史が始まった．超大陸が分裂し次の超大陸ができるまでの間に，主要なプレート沈み込み帯

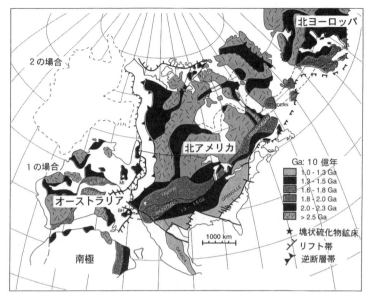

図 5.5　19 億年前に出現した超大陸ヌーナの復元図 (Karlstrom et al., 1999 を一部改変)
オーストラリアの復元位置については，2つの考えがある．北アメリカの南西部は1の場合はオーストラリアに，2の場合は南極に接する．

で新しい大陸地殻が成長し，大陸の総量が増加した．12 億年前には次の超大陸ロディニアが形成されたが，7 億年前ころに分裂した (図 5.6)．新しく出現した海洋は拡大し，太平洋が生まれた．

　先カンブリア時代の大気と海水は，ずっと還元的であったが，太古代の末に，初めて光合成による酸素が放出されるようになると，様子が一変した．まず，光合成でつくられた酸素と海水中に溶けていた還元鉄イオンが結合して，大量の酸化鉄として海底に堆積した．私たちが使う鉄製品は，ほとんど太古代最末期から原生代初頭（約 25～20 億年前）の間に集中的に堆積した縞状鉄鉱層（BIF）から採掘・加工された

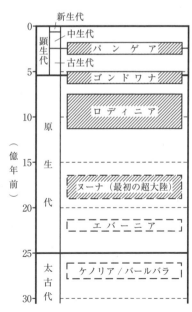

図 5.6　超大陸年表 (磯崎, 1997)

ものである．西オーストラリアのハマスリー地域（口絵13）の大規模な鉄鉱山は，原生代の縞状鉄鉱層の代表例である．

その後，シアノバクテリアによる光合成活動はますます盛んになったので，海水中に溶けていた鉄の大部分を酸化しつくし，やがて海水や大気中にも遊離酸素（O_2）があふれるようになった．環境が酸化的になったので，還元的環境で適応・進化してきた生物は大きく変化せざるをえなかった．

最古の真核生物の化石は，最初の全球凍結事件のあとに堆積した約19億年前の縞状鉄鉱層（アメリカ・ミシガン州）から発見されたグリパニアである（図5.7）．これは原核生物よりはるかに大きな長さ数cmのリボン状炭素質化石で，真核生物のなかの藻類とされる．真核生物は原核細胞同士の共生から生まれたとされる．原生代中ごろの海洋では，藻類がかなり繁栄した．多細胞生物の細胞膜を特徴づける高分子有機化合物（化学化石）が，当時の地層から発見されている．

(2) 大型生物の登場： 8～6億年前ころに，地球表層は極端に寒冷化し，再び全球凍結事件がおきた．気温は氷点下40℃くらいまで下がり，海氷の平均の厚さは1.4 kmに達したらしい．生物が生活できる場は極めて限定され，生物の多様性や総生産量は激減したが，原核生物と真核生物は全滅しなかった．

6億年前ころに全球凍結が終わると，一気に温暖化した地球表層には，新しいタイプの生物群が登場し，エディアカラ生物群とよばれる．この群集のなかには，薄っぺらいが，それ以前のものよりはるかに大きな生物が含まれ（図5.8(a)），長さが1mに達するものもいた．同じ時代の地層からは分割しつつある卵細胞の化石（図5.8(b)）も発見され，6億年前の凍結解除を契機に，大型多細胞生物が急速に進化した．しかし，脊椎動物や陸上植物はまだ現れていない．

世界中で繁栄したエディアカラ生物群は，原生代最末期（5.41億年前）に絶滅した．一方，小型だがキチン質，石灰質あるいはリン酸塩質の殻をもつ動物が登

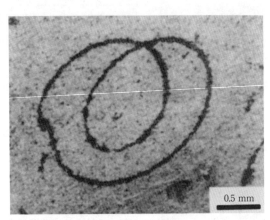

図 5.7 19億年前の最初の真核生物グリパニア（アメリカ・ミシガン州産，Han and Runneger, 1992）

場した（図5.9）．硬い殻は，大型化した体の支持だけでなく，外敵からの防御のためでもあった．これは他の生物を積極的に捕食する動物が現れたことの間接的証拠である．また，多くのエネルギーを必要とする大型捕食動物が十分活躍できるくらいにまで，当時の大気と海水中の酸素濃度は高まっていたらしい（後見返しの地球史年表を参照）．

5.3 地球環境と現代型生物の進化：顕生代

顕生代は現在の動物・植物の系統の祖先生物が多様化した時代である．顕生代の地層には，肉眼で見える多種多様の化石があふれている．硬い殻や骨をもった生物が出現し，地層中に化石として残りやすくなったからである．顕生代は豊富な化石の記録によって，古生代，中生代，新生代に三分され，さらにそれぞれの「代」はいくつかの「紀」に細分される（図5.2，後見返しの顕生代年代表を参照）．

a. 生物の多様化・陸上への進出：古生代（5.41～2.52億年前）

顕生代になると，地球表層の環境や生物相は，一気に現在の姿に近いものへと変わり始めた．古生代（約3億年間）の前半は，先カンブリア時代末から引き続いて，基本的に温暖な時代であった．しかし，後半には寒冷期が訪れ，とくに南半球のゴンドワナ大陸では，

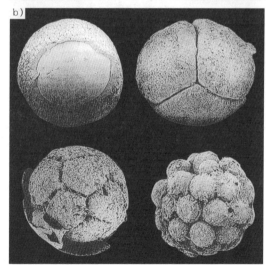

図5.8 原生代末のエディアカラ動物群の化石（a）と卵割細胞の化石（b）
(a) カナダ・ニューファンドランド産（磯﨑行雄撮影），(b) 中国・貴州省産，直径は約0.2 mm（Xiao et al., 1998から一部転載）．

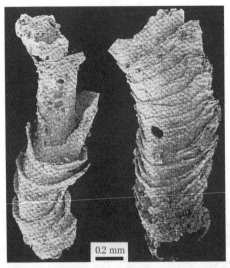

図 5.9 最古の硬骨格生物の化石，クラウディナ（中国・陝西（せんせい）省産，Bengston and Yue, 1992）

大規模な氷河が発達した．また古生代の末には，ゴンドワナは北半球の大陸塊と結合し，顕生代でただ一度の超大陸の形成がおきた（図 5.6 参照）．約 3 億年前にできたこの超大陸はパンゲア（Pangea：すべての大地という意味で，ウェゲナー（A. Wegener, ドイツ）命名）と，また超海洋はパンサラサ（Panthalassa：すべての海の意味）とよばれている（図 5.10）．

(1) カンブリア紀（5.41～4.85 億年前）： エディアカラ生物群とは大きく異なる動物が一挙に現れた．硬い殻または骨をもつ動物で，節足動物の仲間の三葉虫がその代表例である．また軟体動物や腕足類などの無脊椎動物が現れ，脊椎動物の魚類が出現した．中国南部とカナダ西部から産する軟体部までよく保存された化石群集は，澄江（チェンジャン）およびバージェス動物群とよばれる（図 5.11）．

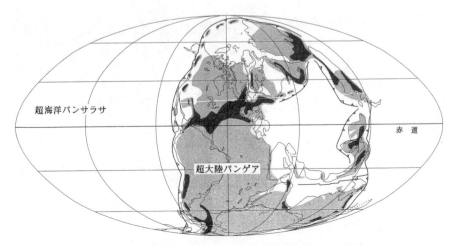

図 5.10 2.5 億年前の超大陸パンゲアと古地理図（Scotese, 1994）

5.3 地球環境と現代型生物の進化：顕生代

(2) **オルドビス・シルル・デボン紀**（4.85〜3.59億年前）： オルドビス紀には，温暖な気候のもとで，筆石やサンゴなどが繁栄したが，同紀末の寒冷化で最初の大きな動物絶滅がおきた．最初に陸上に進出した動物は，節足動物の仲間であった．彼らの餌となったコケなども現れていたらしい．

シルル紀には，最初の陸上植物が現れた．シルル紀末のシダ植物クックソニアは高さ数 cm 程度だったが，その後，シダ植物が急速に大型化し，デボン紀後半には樹高 20 m，幹直径 1 m をこえる大木も現れた（図 5.12）．それ以降，陸上に森林が発達するようになり，複雑な生態系が生まれる場ができた．また動物では，魚類から分かれた両生類イクチオステガが，デボン紀に上陸をはたした．

古生代前半の海洋では石灰質な殻をつくる生物が繁栄し，巨大な礁もできたが，デボン紀後期の寒冷化で，造礁生物を含む多様な生物が絶滅した．

(3) **石炭・ペルム紀**（3.59〜2.52億年前）： 石炭紀には，南半球の高緯度地域を除く世界各地の陸地で，大量の石炭の原料が堆積した．人間が利用する石炭は，おもにこの時期に形成された化石有機炭素である．これはシダ植物の大森林が広がった結果である．陸上森林の活発な光合成によって，大気中の酸素濃度は現在のレベルをこえるまで上昇し（図 5.13），翼長が 70 cm の大型トンボなど飛

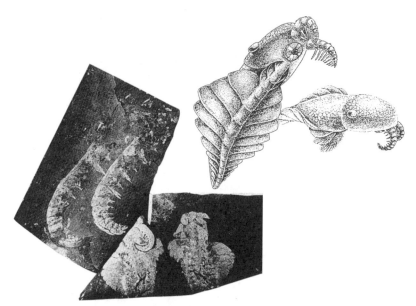

図 5.11　カンブリア紀のバージェス動物群，アノマロカリスの化石と復元図（Briggs et al., 1994）

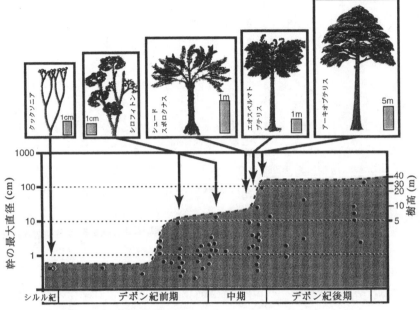

図 5.12 デボン紀における植物の巨大化（Algeo et al., 1995 を一部改変）

行昆虫も出現した．光合成によって大気中の二酸化炭素濃度は減少した（図 5.13）．

　石炭紀後半には気候が寒冷化して，ゴンドワナ大陸を形成していた南半球の陸域では，巨大なゴンドワナ氷床が発達した．アフリカ，南アメリカ，オーストラリアなどの現在の南半球に位置する主要な大陸に，その痕跡が残されている（図 4.2 参照）．ウェゲナーが大陸移動説を着想したヒントの1つは，この時期の氷河堆積物の分布パターンであった．

　石炭紀末から，北半球の大陸が1か所に集結し始め，最終的にゴンドワナ大陸と合体して，超大陸パンゲアが出現した．そのころから気候の温暖化が始まり，とくにペルム紀の低緯度地域の暖かい海では，四射サンゴやフズリナ（紡錘虫）など多様な動物が栄えた．陸でも，大型の昆虫や爬虫類さらには裸子植物が現れ，新しい森林景観をつくり始めた．

　古生代の動物・植物の多くは，ペルム紀末（2.52億年前：P/T 境界）に一斉に絶滅した（図 5.14）．この事件は，海域の無脊椎動物属の80％近くが絶滅した顕生代で最大の大量絶滅であった．海陸を問わないグローバルな環境変化が，化

石の記録や地層の化学組成の変化などから読みとれる．しかし，究極的な絶滅原因はまだよくわかっていない．パンゲアの分裂に伴った異常に大規模な火山活動が関係した可能性が指摘されている．

b. 現代型環境・生物の進化：中生代（2.52〜0.66億年前）

中生代以降の約2.5億年間は，パンゲアが分裂し，再び大陸がばらばらに分布する時代となった．海流や大気循環のパターンにも変化がおきた．中生代は基本的に温暖な気候が長く続いた時代であった．古生代末の大量絶滅事件で古生代型生物が一掃されたあと，爬虫類，鳥類，哺乳類など現世生物の系統につながる多様な生物が進化・発展した．

（1）三畳紀（2.52〜2.01億年前）：古生代末にできた超大陸パンゲアは，中央部から大きく分裂し，新しい海洋として大西洋が南・北アメリカ大陸とヨーロッパ・アフリ

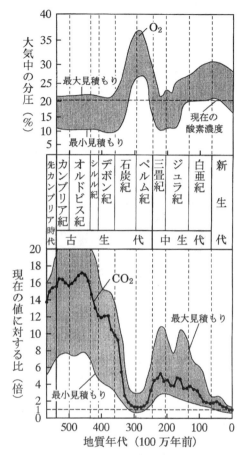

図5.13 顕生代の大気の組成変化（O_2：Berner and Canfield, 1989, CO_2：Berner, 1994 を改変）

カ大陸の間に出現し始めた（図5.10参照）．三畳紀中ごろには，ペルム紀末に劣悪化した表層環境が回復し，新しいタイプの生物が一気に多様化した．海で大繁栄したアンモナイト（図3.20（a）参照）や，陸上で多様化した恐竜は，中生代の代表的な化石生物である．また，原始的な哺乳類が出現した．

（2）ジュラ・白亜紀（2.01〜0.66億年前）：温暖な気候が続き，生物は多様化した．赤道地域と極地域との温度差は，現在よりもはるかに小さかったらしい．とくに，白亜紀の恐竜や二枚貝の一部は，極端に大型化した．また，鳥類が恐竜から分化したり，被子植物が出現した．現世生物の多くは，これら中生代初頭に

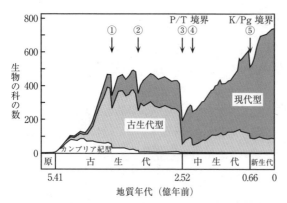

図5.14 顕生代の海生生物多様性の変化と5回の大量絶滅事件 (Sepkoski, 1984)
P/T境界はペルム紀 (Permian) と三畳紀 (Triassic) との境界, K/Pg境界は白亜紀 (Kreide：ドイツ語) と古第三紀 (Paleogene) の境界．P/T境界での大量絶滅が最大規模であった．

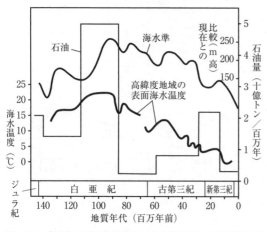

図5.15 白亜紀の平均気温変化，海水準変動および石油生産量 (Larson, 1991を一部改変)
高緯度地域で気温が高い時期に，氷が溶けて海水準が高くなる．また，その時期に生物の生産量が増え，石油の起源となる有機物が大量に堆積した．

現れた生物の直接的な末裔である（図5.14参照）．

　白亜紀には，マントル内のプルーム活動が活発化し，表層でのプレートの運動速度も速くなった．これに伴って，火山から放出される二酸化炭素が増加して温室効果が強まったために，年平均気温もいまより10〜15℃も高い地球史上で最も温暖な気候が発達した．その結果，両極の氷は溶け，世界的な海水準の上昇がおきた．また，海洋プランクトンの生産量が増大したため，地層中に大量の有機物が埋蔵され石油の母体となった（図5.15）．

　白亜紀末（6600万年前：K/Pg境界）に大量絶滅事件がおきた（図5.14参照）．陸上の恐竜や裸子植物だけでなく海のアンモナイトやプランクトンなどの中生代型生物が打撃をうけた．原因はメキシコのユカタン半島での巨大隕石の落下・衝突とされる（図5.16）．被害は衝突地点周辺に留まらず，巨大津波，酸性雨，太陽光の遮断などによって，世界中で表層環境が破壊された．しかし，この事件はペルム紀末（P/T境界）の大量絶滅事件と比べると，はるかに小規模で，この事件によって現代型生物の多様化の傾向が変わることはなかった．

c. 新しい気候と哺乳類時代の成立：新生代（6600万年前〜現在）　新生代では，気候が寒冷化に転じた．陸上では，絶滅した恐竜に代わって哺乳類が多様化・大型化し，また裸子植物に代わって被子植物の多様化が進んだ．

（1）古第三紀（6600〜2300万年前）：　古第三紀になると，現在生息している大型哺乳類（海のクジラや陸のゾウやサイ）の祖先が出現した．古第三紀後半（約3500万年前）には気候が寒冷化し始め，新第三紀前期（1500万年前）以降は小さな変動はあるもののさらに寒冷化が進んでいる（図5.17）．

（2）新第三紀（2300〜258万年前）：　新第三紀末（約270万年前）に，北アメリカと南アメリカをつなぐパナマ地峡が出現すると，明瞭な氷期が出現するようになった．地球の自転に伴って赤道にそった海流が生じるが，南北に伸びた陸地の存在はそれを妨げる．大陸にぶつかり南北方向に迂回させられた高温の海水が湿った空気をつくり，高緯度の大陸で大量の降雪をもたらす．そのために高緯度地域の陸上では，氷河の発達がうながされる．とくに，地球全体が寒冷化し始めた260万年前以後は，気候システムが地球回転のもつ特徴的なリズム（ミランコビッチサイクル：極域への日射量の周期的変化，4.7.e項参照）に鋭敏に応答するようになり，氷期・間氷期がくり返すようになった．

もともとゴンドワナ大陸のなかでアフリカとオーストラリアの間にはさまれていたインド亜大陸は，中生代後半に分裂して北上し，古第三紀にアジア南縁に衝突した．その結果，衝突境界に標高8000 m級のヒマラヤ山脈ができ，さらに

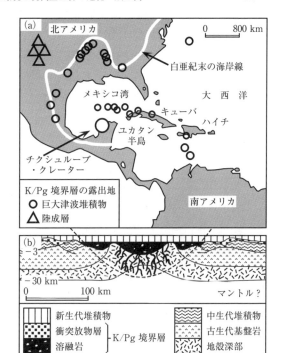

図5.16　K/Pg境界での隕石衝突によるチクシュルーブ・クレーターとメキシコ湾沿岸の巨大津波堆積物（Benton and Little, 1994 を一部改変）
(a) クレーターと津波堆積物の位置図．(b) クレーターの断面図．

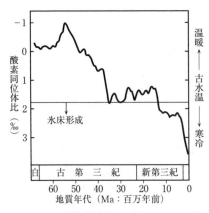

図 5.17 新生代の気温変化(増田,1996 を簡略化)
赤道域にすんでいた有孔虫化石の殻の酸素同位体比を用いて古水温を推定.全体として寒冷化の傾向にあるが,とくに深層水の温度低下が著しい.

100 万年前には海抜 5000 m のチベット高原が現れた(4.5.b 項参照).この巨大なつい立ての出現は,大気の流れのパターンを変え,東アジアに季節的な大雨をもたらすモンスーン(季節風)気候が成立した.

植物では草花,そして動物ではカエル,ヘビ,小鳥,ネズミなど,現在よくみかける生物が新第三紀に大いに発展した.一方,人類の起源はまだ謎に包まれている.二足歩行した最も原始的な初期猿人としてサヘラントロプスが新第三紀後半(約 700〜600 万年前)に,そして現代人への系列のなかで最も原始的なアウストラロピテクスが新第三紀末(約 420〜390 万年前)に,それぞれアフリカで出現した(図 5.20 参照).生物史で画期的な二足歩行の獲得は,解放された手の器用さ,さらに脳の大型化を導いた.分子進化の観点からも,人類は約 700〜500 万年前ころに,類人猿から分岐したと推定されている.

5.4 人類紀:第四紀

第四紀は新生代の最後の 258 万年間をさし,更新世(258〜1.17 万年前)と完新世(1.17 万年前以降)に区分される.

a. 氷河時代 第四紀はゴンドワナ氷床が発達した約 3 億年前(石炭紀)以来,初めて本格的な氷期が到来した特徴的な時代である.第四紀には,主要な氷期が複数回あった.最も氷河が成長して大陸氷床をつくった例は,約 2 万年前に北アメリカ大陸からグリーンランドを経て北欧におよんだローレンタイド氷床である(図 5.18).当時の気温は,グリーンランドや南極の氷(万年雪が堆積)中の酸素同位体比を用いて復元された(図 5.19).地球の公転・自転によるミランコビッチサイクルに呼応して,気温が周期的に変動する様子が解明されている(4.7.e 項参照).

b. 第四紀の動植物 氷期の海水準低下に伴ってシベリアとアラスカを結ぶ

陸橋ができると，アジア大陸から新世界（北・南アメリカ）に多くの動物が流入した．その結果，両大陸の動物群の間で相互作用がおこり，第四紀の生物分布ができた．しかし，現在の動物分布を最終的に決定したのは，人類による狩猟の影響とされている．マンモスの絶滅はその例である．

c. 人類の進化 氷河時代が始まった第四紀初頭の250万年前ころに，猿人から進化したヒト族のホモ・ハビリス（最初の原人）が出現した（図5.20）．第四紀が人類紀とよばれるゆえんである．

(1) 原人から現代人へ: 現代人につながるホモ属の最も原始的なホモ・ハビリスは，原始的な石器を使う程度の知能をもつだけだったが，180万年前ころに出現したホモ・エレクトス（直立原人）は旧石器や火を使用し，明らかに猿人とは異なった行動様式をもっていた．アフリカとユーラシアを結ぶ狭いシナイ半島を通って，原人はアジア各地に拡散し，110万年前には中国まで到達していた．

ホモ・エレクトスは数回の氷期

図5.18 ローレンタイド氷床の分布（Stanley, 1999）
現在の北アメリカやヨーロッパの主要都市にあたる領域は，ほとんど氷床でおおわれていた．

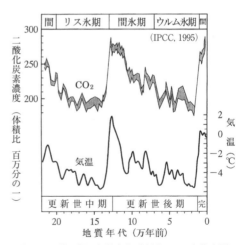

図5.19 第四紀の気温変化（時岡，1996を簡略化）
南極ボストーク基地での氷床コアのCO_2濃度変化が示す氷期と間氷期のくり返し．気温は酸素の同位体比などから推定されている．現在の間氷期は長く続きそうにない．

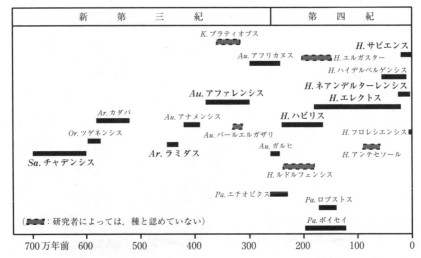

図 5.20 人類の系譜（三井，2005 と斎藤ほか，2006 から編図）
H.：ホモ，*Pa.*：パラントロプス，*Au.*：アウストラロピテクス，*Ar.*：アルディピテクス，
K.：ケニアントロプス，*Or.*：オロリン，*Sa.*：サヘラントロプス．

を生きのびたものの，20万年前に消えた．間氷期の最末期にあたる約25万年前と約20万年前には，ホモ・ネアンデルターレンシス（ネアンデルタール人）とホモ・サピエンス（クロマニヨン人を含む現代人）という独立した2系統が，またしてもアフリカから現れた．ネアンデルタール人はかなり洗練された加工の石器を用いて狩猟をおこなったが，3万年前に突然消えた．同じ時代に共存した両種の間の相互関係の詳細は不明だが，ミトコンドリア DNA の研究は，同時代に共存した両種間に一部交雑関係があったことを示した．石器，土器そして金属を巧みに利用したホモ・サピエンスが残った．

現在，世界には多様な人種や民族がすんでいるが，そのすべてはホモ・サピエンスというただ1種に分類される．現代人の起源もアフリカ大陸であった．現在，世界中にすむ人類は共通の Y 染色体を共有しており，その起源が9～4万年前ころにアフリカにすんでいた最後の共通祖先に求められる．現代人の祖先もシナイ半島を通ってユーラシア各地に拡散した．このように，アフリカから新しいタイプの人類が世界各地へ拡散してゆく事件は，第四紀の間，何度もくり返された．

（2）**世界各地へ：** 日本に約3万年前にたどり着いた最初の現代人が縄文人である．さらに，最終氷期には海面が低下したため，人類はシベリアから新世界（南北アメリカ）へと急速に広がった．彼らの子孫は，さらに農業・医学・技術

を発達させて，6000〜5000年前には4つの大きな文明（近年発見された中国南部の長江文明を加えると五大文明）をつくるに至った．稲作を計画農業として広めた弥生人が日本へ到来したのは，約2300年前であった．

20世紀に入ってからの人類の営み，とくに石炭・石油・天然ガスといった化石有機炭素の急激かつ大量の使用による地球温暖化が，いま深刻な問題になっている．しかし，第四紀が長期的には寒冷な時代であることを忘れてはならない．なぜなら，遠からぬ将来，人類は次の氷期を迎えねばならないからである．人類紀そして新生代はまだ終わっていない．

5.5 日本列島の地質と構造

日本列島はプレートの収束境界に位置し，現在も成長を続けている東アジアの造山帯の一部である．日本列島に産する岩石や地層の記録に基づいて，その起源や成長の歴史を解き明かすことによって，現状を理解しさらに未来を予測することが可能である．まず本節で，現在の日本列島の地質と構造について解説し，次節でその形成と進化を紹介しよう．

a. 日本列島の基本構成　日本列島は千島弧，東北日本弧，伊豆-小笠原弧，西南日本弧および琉球弧の集まりで，その地形，活発な地震や火山活動などは，典型的な弧-海溝系という位置づけに由来する（図4.14，4.26参照）．

(1) 現在の日本列島のテクトニクス：　日本列島は4つのプレート，すなわち海側の太平洋プレートとフィリピン海プレート，そして陸側のユーラシアプレートと北アメリカプレートの会合部に位置している．西南日本弧はユーラシアプレートに，また東北日本弧は北アメリカプレートに属する（図5.21）．

太平洋プレートは年間8〜10 cmの速さで西北西へ移動し，千島海溝，日本海溝および伊豆-小笠原海溝にそって，東北日本弧と伊豆-小笠原弧の下へ斜めに沈み込んでいる．一方，フィリピン海プレートは年間4〜6 cmの速さで北西に移動し，相模トラフ，南海トラフおよび琉球海溝で，西南日本弧と琉球弧の下へ沈み込んでいる．これらの海溝のおよそ200〜300 km陸側には，火山帯が海溝に平行して発達し，火山弧を形成している．さらに，大陸側には日本海が広がり，日本列島はアジア大陸の縁から切り離された島弧の形態を示している（図5.21）．

日本列島は独立した厚さ30 kmたらずの大陸地殻の上に存在している．その地殻上半の大部分が花崗岩（本節では，狭義の花崗岩から閃緑岩などを含む花崗岩質岩石の意味で使用する，3.4.c項参照）からなり，その表層部はさまざまな

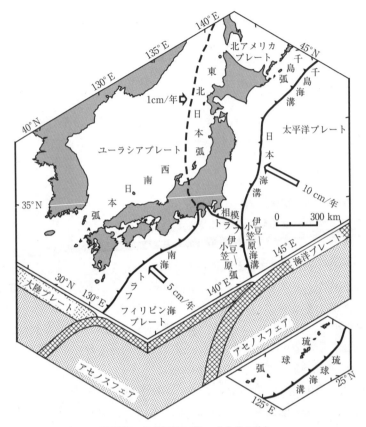

図 5.21 日本付近のプレートとその動き

堆積岩，火山岩および変成岩からなる．それらの岩石がつくる列島の基本構造は，アジア東縁に共通にみられる広域でかつ古い構造と，その上に追加された日本周辺だけに限られる若い構造との2つに大別される．島弧としての特徴は，後者の若い構造に関係している．一方，それ以前の古い構造は，日本がまだユーラシア大陸の一部をなしていた時代につくられたものである．

(2) **日本列島の基盤岩**： 日本列島の歴史の大部分は，列島の地殻表層部の数kmをなす岩石に記録されている．それらは新生代後半に堆積した若い地層の下に存在し，多様な種類と年代の岩石で構成されていることから，一括して基盤岩とよぶことができる．日本列島の基盤岩は，起源の異なる2つのグループに大別される．1つはもともと中国大陸東縁部と連続していた先カンブリア時代の岩石

と，その上に堆積した大陸縁辺の地層からなるグループである．それらの分布面積は小さく，西南日本の隠岐諸島に局地的に露出するだけである（図5.22（a））．

もう1つのグループは，太平洋側からのプレートの沈み込みによって大陸の海側に新たに形成された岩石や地層群であり，北海道から琉球諸島まで，さらに伊豆-小笠原諸島におよび日本列島のほぼ全域に分布する．これらは海洋プレートが沈み込む海溝のすぐ陸側地下で形成された古生代から新生代の付加体（3.5.d項参照）と，それらの陸側の火山弧の地下でできた中生代以降の花崗岩や火山岩からなる．付加体の一部は，沈み込み帯の深部（最大深さ70～80 km）で高圧型変成作用をうけて，千枚岩から片岩になっている．また火山弧の地下（深さ10～20 km）では，大規模な花崗岩質マグマに貫入された古い付加体の一部が低圧型変成岩（片岩から片麻岩）になっている（図3.26参照）．

これらの基盤岩の形成年代はいずれも約5億年よりも若く，46億年におよぶ地球の歴史のなかでは，極めて新しいものばかりである．世界の先カンブリア時代の岩石や地層の多くは，さほど変形していない．しかし，日本産の多くの岩石や地層は，その年代が若いにもかかわらず，激しく褶曲したり断層で切られており，形成後に強い変形をうけている．その理由は日本がその歴史の大半をとおして，プレート境界に位置し続けたことと関係している．すなわち，過去の弧-海溝系で新たにできた岩石や地層は，形成直後からたえずプレートの沈み込みに伴う水平方向の圧縮応力場において，強い短縮変形をうけたからである．日本の基盤岩が記録する激しい変形は，この地域が5億年前からずっと活発な造山帯に位置していたことを物語っている．

b． 日本列島の帯状構造 日本列島を構成する基盤岩の地質構造は，島弧の伸びにほぼ平行な帯状配列を示し，大局的には古いものが大陸側に，新しいものが太平洋側に分布する（図5.22（a）～（c））．東北日本と西南日本の境界は，北関東から東北地方にかけて走る大きな横ずれ断層，棚倉構造線である（図5.22（a））．

（1） 西南日本： 日本列島の基本構造は，関東以西の西南日本でよく観察される．山陰～隠岐地域（隠岐帯）には，中国大陸の先カンブリア時代の大陸地殻（約20億年前）に起源をもつ片麻岩やそれに貫入したペルム紀やジュラ紀の花崗岩が産する．一方，それをとりまくように，複数の狭長な地帯が太平洋側にほぼ平行な帯状に配列する．これらの帯状構造をなす部分は，過去のプレートの沈み込みによって，古い大陸地殻の周囲に新たにつくられた古生代～新生代の付加体

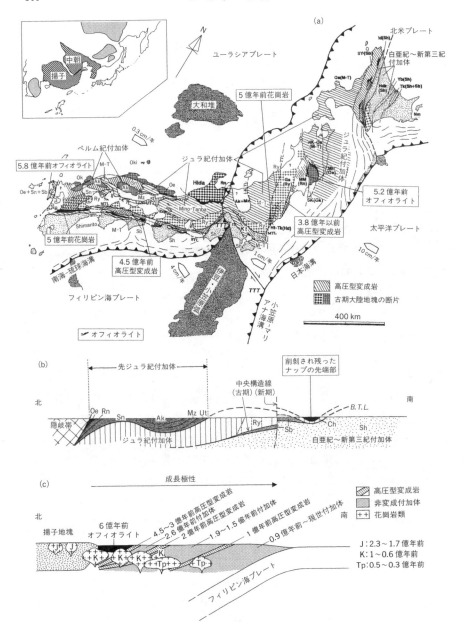

図 5.22 日本列島の地体構造区分図と模式断面図（磯崎，2000）
(a) 花崗岩を除く基盤岩の分布図，(b) 西南日本の模式断面図，(c) 西南日本の構成の概念図．Oe：大江山帯，Rn：蓮華帯，Sn：周防帯，Ak：秋吉帯，MZ：舞鶴帯，Ut：超丹波帯，M-T：美濃・丹波帯，Ry：領家帯，Sb：三波川帯，Ch：秩父帯，Sh：四万十帯，MTL：中央構造線，BTL：仏像構造線，TTL：棚倉構造線．囲みで示すものは，日本最古のオフィオライト，高圧型変成岩および花崗岩の例．

の岩石や地層と，それらに貫入した中生代〜新生代の花崗岩からなる．付加体は陸源の砕屑岩である砂岩や泥岩を主体とし，遠洋深海チャート，サンゴ礁石灰岩，ホットスポット起源の海山の玄武岩，中央海嶺の玄武岩などの海洋プレート起源の岩石を含む（図3.21参照）．

　花崗岩マグマはより古い付加体に虫食い状に貫入したので，日本列島の地質図を複雑にしている．これらの花崗岩をとり除いた図（図5.22 (a)）をみると，付加体の帯状配列は明確であり，それから成長史を解読できる．西南日本の付加体は，形成年代が異なる7つに大区分される．基本的に古いものが大陸側に，新しいものが太平洋側に分布する．古生代ペルム紀末（約2.6億年前），中生代ジュラ紀前〜後期（1.9〜1.5億年前），そして中生代白亜紀後期〜新生代新第三紀（0.9〜0.2億年前）の付加体は，それぞれおもな分布域にちなんで，秋吉帯，美濃・丹波帯（および秩父帯），四万十帯とよばれている．また，付加体を原岩とする古生代石炭紀（約3億年前），中生代三畳紀（約2億年前），および白亜紀（約1億年前）の高圧型変成岩の分布域は，それぞれ蓮華（変成）帯，周防（変成）帯および三波川（変成）帯（1.2〜1.1億年前と0.65〜0.55億年前とに区分）とよばれている（図3.29参照）．また，最も古いオルドビス紀後期〜デボン紀前期（4.5〜4.0億年前）の黒瀬川・大江山高圧型変成岩が小規模に産する．

　これらの付加体（高圧型変成岩を含む）は地表では帯状に見えても，実際に地下ではほぼ水平な薄い板状の形をしており，古い付加体ほど上に，より新しいものが下になる順序で累重している（図5.22 (b), (c)）．この板状の付加体の累重構造は，海洋側からのプレートの沈み込みによって大陸縁に斜め下からはりつけられるように付加体が成長してきたことを明確に示している（図5.23）．なお，南西（琉球）諸島は西南日本の延長であり，同じ帯状配列が追跡される．

(2) 東北日本： 北海道を含む東北日本の基盤岩も，おもに西南日本とほぼ同様の古生代〜新生代の付加体と花崗岩からなる．しかし東北日本では，新生代の地層や火山噴出物が厚くおおっているため，基盤岩の種類や構造は西南日本ほどには詳しくわかっていないが，ほぼ古生代以後の付加体および花崗岩から構成されるとみなされる．

　北海道の西部には北上山地北部から連続するジュラ紀〜白亜紀の付加体が産し，また空知地方には白亜紀の神居古潭変成岩（高圧型）が産する．いずれも西南日本の延長部とみなせる．ただし，日高山地には大きな不連続があり，もともと地殻下部でできた高温・低圧条件を示す中生代の日高変成岩（低圧型）が産す

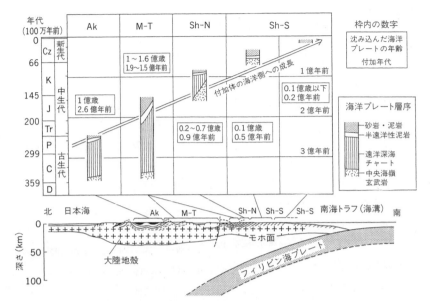

図 5.23 海洋プレート層序による西南日本の付加体の区分(磯﨑・丸山,1991)
Ak:秋吉帯,M-T:美濃・丹波帯,Sh-N:四万十帯北帯,Sh-S:四万十帯南帯.

る(図 3.29, 5.22(a)参照).この部分で局部的に東北日本弧と千島弧の地殻の衝突と隆起がおきたとみなされている.日高山地の東側の地質は,千島列島のものに連続すると考えられるが,詳細は不明である.

c. 日本列島の新しい構造 基盤岩の基本構造は,数億年かけてつくられたが,それを二次的に改変して新しい特徴が付け加わっている.その代表的な地質学的特徴に,グリーンタフ,フォッサマグナそして中央構造線がある.

(1) グリーンタフ: 日本列島には,古生代〜中生代の付加体や花崗岩を不整合におおう新生代の地層が各地に分布する.とくに,北海道南部から東北,上越,関東北部,北陸を経て山陰地方に至る日本海側の地域には,砂岩や泥岩のほかに大量の火山噴出物を含む厚い新第三紀(2000〜1500万年前)層が集中的に分布する(図 5.24).それらの火山噴出物(凝灰岩,溶岩など)の多くは,噴出後に強い熱水変質をうけて特徴的な淡緑色の岩石になっているので,グリーンタフ(緑色凝灰岩)とよばれる(栃木県産の石材である大谷石はその典型例).この火山活動と厚い地層の堆積は,日本海の形成(5.6.c 項,図 5.31 参照)と密接に関わっている.同じ時期の新第三紀層でも太平洋側のものは,このような火山起源の岩石をあまり含まないので,対照的である.また,グリーンタフ地域には

貴重な銅や鉛などの硫化物鉱床（黒鉱とよばれる）が多産する．これは火山噴火をおこしたマグマ活動に伴ってできた鉱床で，現世の中央海嶺の熱水噴出孔の周辺でできているものに類似する．

(2) **フォッサマグナ**： 伊豆半島を中心とした東海・信越・関東地域では，西南日本の付加体の帯状配列が北に凸形に突き出すように大きく曲げられている（図 5.22 (a) 参照）．これはもともと南方にあった伊豆-小笠原弧が，フィリピン海プレートの西南日本の下への沈み込みに伴い北上し，伊豆半島の部分で

図 5.24 日本海拡大に伴うグリーンタフ火成活動地域
（藤岡, 1963 を一部改変）
大陸地殻の分裂に特徴的なマグマ活動が 1500 万年前におこり，日本海が拡大し，日本列島は大陸から独立した．

西南日本弧に衝突した結果である（図 5.25 (a)）．とくに，中部地方東部から関東地方にかけての南北に連なる地域には，強く変形した厚い新第三紀〜第四紀層が産する．さらに，この地域の第四紀における隆起量は 2000 m（日本の北・南アルプス）にもおよび，現在の日本列島のなかでも特異な場所であるため，フォッサマグナ（Fossa magna：大きな割れ目の意味）とよばれてきた．これもグリーンタフと同様に，付加体がつくった基本構造の上に，新しく追加された地質構造の1つである．フォッサマグナの西側境界は糸魚川と静岡を結ぶ線にそった明瞭な断層で，糸魚川-静岡構造線とよばれる．

(3) **中央構造線**： 関東山地から中部地方，紀伊半島，四国北部をとおり九州東部に至る総延長が 1000 km におよぶ西南日本を縦断する大きな断層がある（図 5.22 (a) 参照）．中央構造線とよばれるこの断層をはさんで，北側には白亜紀の花崗岩と低圧型変成作用をうけたジュラ紀の付加体（領家帯）が，そして南側には高圧型変成作用をうけた白亜紀の付加体（三波川帯）が接する．とくに，奈良県五條市から西側の 500 km の部分だけは明瞭な右横ずれの活断層として動いている（図 4.35 参照）．これは現在フィリピン海プレートが北西方向へ，西南日本

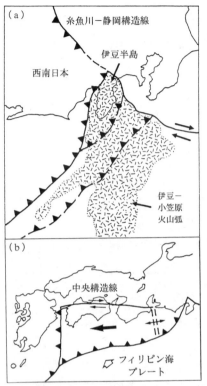

図 5.25 伊豆衝突帯と中央構造線の形成(磯崎・丸山, 1991を一部改変)
(a) 火山弧の衝突による本州の地体構造の屈曲, (b) 海洋プレートの斜め沈み込みによる横ずれ断層の活動.

に対して斜めに沈み込んでいるために生じた横ずれ断層で, ユーラシアプレートの太平洋側の先端がちぎれて, 単独で西へ移動するのに使われている(図5.25 (b)). しかし, その起源は日本海が拡大した新第三紀にさかのぼる.

5.6 日本列島の形成と進化

超大陸の形成と分裂が約19億年前以降, 少なくとも4回おきた(図5.6参照)ことは, すでに5.2.c〜5.3.b項で紹介した. 先カンブリア時代の最後, 原生代末(約7億年前)に超大陸ロディニアが分裂し, 現在の中国南部が独立の大陸塊(揚子地塊)となった. 揚子地塊の北東部が日本の起源となった. その後, 揚子地塊の下へ海洋プレートが沈み込み始め, それに伴って大陸縁の周囲に新しい岩石や地層が次々に形成された. その結果, この大陸縁は海側に向かって幅を広げ成長した. 私たちがすむ日本列島は, 現在も成長を続けているアジア東縁の造山帯の一部である.

約7億年間におよぶ日本列島の歴史は, ①誕生(受動的大陸縁)の時代(7〜5億年前:原生代末〜古生代初頭), ②成長(活動的大陸縁)の時代(5億〜2000万年前:古生代初頭〜新第三紀), そして③島弧の時代(2000万年前〜現在:新第三紀中新世以降)という3つの時代に区分することができる(図5.26, 後見返しの顕生代年代表を参照). 一方, いまから2億年後には, 日本列島はアジアと他の大陸とが衝突する間にはさまれて, 約9億年間の歴史を閉じると予想される. 以下に図5.26と図5.27 (a)〜(g) を使って, 順をおって記述する.

a. 誕生(受動的大陸縁)の時代 原生代後半に存在した超大陸ロディニア

5.6 日本列島の形成と進化

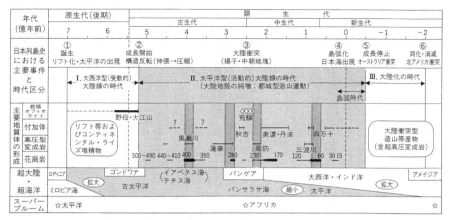

図 5.26 日本列島の構造発達史年表（磯崎, 2000, Isozaki et al., 2010）
数字は高圧型変成岩と花崗岩の年代（単位：百万年前）.

は，約7億年前にマントルのスーパープルーム（図 5.27 (a)）の上昇によって分裂し，複数の大陸塊が生まれた．分裂後にそれらの大陸塊は四方へ分散し，大陸塊の間に出現した中央海嶺では新しい海洋地殻がつくられた．現在の北アメリカ，オーストラリア，南極東部そして揚子などの地塊が分裂した間に新たにできた海洋はとくに巨大化し，これが後の太平洋となった．日本の起源に関係の深い現在の揚子地塊も，このときの分裂によって周囲を新しく形成された海洋地殻にとりかこまれるようになった（図 5.28）．大陸地殻とその横に新しくできた海洋地殻とは同一のプレートに属しており，両者の間に沈み込み帯はなかった．

山陰・隠岐諸島や飛騨山地に産する古生代末の片麻岩は中国大陸に起源をもつ．また，それに隣接した部分には，原生代末～古生代前期の海洋地殻の岩石（玄武岩，蛇紋岩など）が分布し，最古の太平洋の海洋地殻の断片にあたる（日本最古の例は長崎県野母崎に産する約 5.8 億年前の斑れい岩）．これらは野母・大江山オフィオライトとよばれている（図 5.26）．

b. 成長（活動的大陸縁）の時代 古生代最前期（5億年前以前）には，揚子地塊の太平洋側に新しいプレート境界が生まれ，海洋プレートが揚子地塊の下に沈み込み始めた（図 5.27 (b)）．これは誕生以来ずっと拡大していた古太平洋が縮小し始めたためで，大陸縁辺もそれまでの展張応力場から，圧縮応力場状態へと変わった．すなわち，受動的大陸縁は活動的大陸縁へと変わった（図 5.26）．

(1) 最古の花崗岩と高圧型変成岩： 約5億年前に，揚子地塊縁辺に初めて海溝が形成され，海溝陸側に付加体と花崗岩が形成され始め，大陸地殻の岩石が新

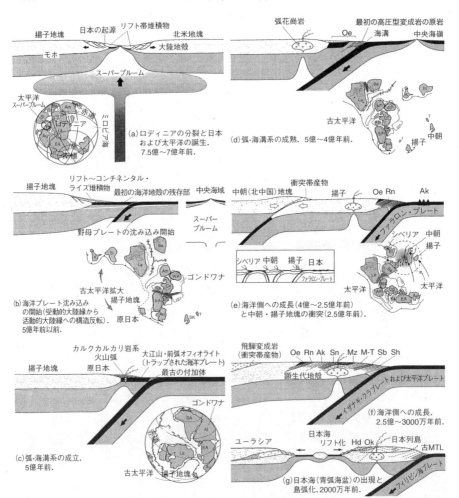

図5.27 日本列島の構造発達史（磯崎，2000）
(a) 日本の誕生・太平洋の誕生，(b) 海洋プレート沈み込みの開始，(c) 付加体の形成開始，(d) 弧-海溝系の成熟，(e) 古生代大陸地殻の成長と中国地塊の衝突，(f) 中生代〜新生代大陸地殻の成長，(g) 背弧海盆の拡大と島弧の成立．Hd：飛騨帯，Ok：隠岐帯．その他の地体構造単元の略号は図5.22を参照．

たに追加された（図5.27(c)）．日本最古の花崗岩は熊本，茨城および岩手県に産する約5億年前のもので，一方，最古の付加体は徳島県や京都府の大江山に産する4.5〜4.0億年前の黒瀬川・大江山高圧型変成岩（原岩は付加体）である（図5.27(d)，図5.22(a)参照）．

(2) 活発な付加体の形成： 古生代後半から中生代にかけて，揚子地塊の大陸

縁では海洋プレートが活発に沈み込んだために，海溝では次々に付加体が形成された．とくに，海溝に大量の土砂が流入した時期には，大規模な付加体が形成された．たとえば，約2.6億年前のペルム紀末や1.9～1.5億年前のジュラ紀前～後期には大量の付加体がつくられ，それらはそれぞれ西南日本の秋吉帯と美濃・丹波帯とに広く分布している（図5.26, 5.27 (e), (f)).

山口県の秋吉台に産する古生代（石炭紀～ペルム紀中期）の石灰岩（秋吉帯）は，もともとはハワイのような海洋中央部のホットスポット型海山上に堆積した生物礁石灰岩である．これ

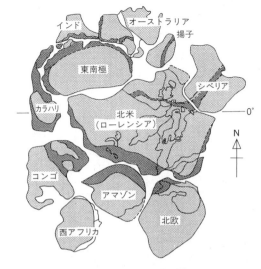

図5.28 超大陸ロディニアの分裂と日本の誕生（磯崎，2000）
日本はもともと北アメリカとオーストラリアの間に位置していた揚子（南中国）地塊が分裂したときに生まれた．

は古太平洋の中央部からプレート運動で数千km移動したのちに，ペルム紀末の海溝で揚子地塊の縁に付加されたものである．日本各地に産する古生代後期のフズリナやサンゴ化石を含む石灰岩（図5.29）のほとんどは同様の起源をもつ．もともと海山をのせていた海洋プレートは沈み込んでしまったが，火山体の一部と石灰岩だけが付加体のなかに残された．

愛知・岐阜県境を流れる木曽川ぞいでは，ジュラ紀の典型的な付加体（美濃・丹波帯）が観察され，そのなかには砂岩や泥岩のほかに過去の遠洋深海で堆積したチャート（口絵14 (a)）が含まれる．チャートはほとんど二酸化珪素（SiO_2）でできたプランクトン（放散虫）化石の殻（口絵14 (b)）からなる堆積岩で，陸源の粗い砂粒や礫は全く含まない．遠洋深海チャートは過去の太平洋中央部から数千km移動して，ジュラ紀中期の海溝で堆積した砂岩や泥岩とともに付加された．

(3) 高圧型変成岩と花崗岩の形成： 付加体の一部は沈み込み帯の深部（最大で地表から70～80kmの深さ）にひき込まれて，高圧型変成岩になった．たと

図5.29 生物礁起源の石灰岩（磯﨑行雄撮影）
(a) 山口県秋吉台のペルム紀石灰岩, (b) 石灰質な殻をつくるペルム紀のフズリナ（有孔虫の仲間）化石の顕微鏡写真（同心円状模様をもつものが1個体, 岐阜県産, 太田彩乃撮影）.

えば，白亜紀の付加体の一部であった砂岩，泥岩，チャートおよび玄武岩を原岩とする片岩（砂質片岩，泥質片岩，珪質片岩，塩基性片岩）は，約1億年前に形成された三波川変成岩（1.2～1.1億年前と0.65～0.55億年前とに区分）であり，埼玉県長瀞の荒川ぞいや徳島県大歩危・小歩危の吉野川ぞいに広く露出している．より古い時代に形成された高圧型変成岩は，大陸側に分布する約2億年前の周防変成岩（図5.30）と約3億年前の蓮華変成岩である（図3.29参照）．

古生代後半から中生代にわたって4～5種類の高圧型変成岩を含むさまざまな年代の付加体が形成された（図5.26）．それに伴って，より古い付加体の一部は陸上に露出し，時間とともに分布面積が増大した．付加体の形成とは，もともと海溝から沈み込みつつある海洋プレート上にあった岩石や地層を，そのプレートから引き離し，機械的に大陸プレートの先端に付け加えることである．

古い付加体は順次内陸に位置するようになり，海溝から約200 km離れると，花崗岩に貫入されて，その周囲の部分は低圧型変成岩となった．その典型例は美濃・丹波帯の付加体が変成した領家変成岩である．付加体は主として陸源の砂岩や泥岩，すなわち大陸地殻から由来した砕屑物質でできている．プレート沈み込み帯で大陸地殻が海側へと拡大するのは，付加体の成長ではなく火山弧地下でのマグマ活動による花崗岩（大陸地殻）の純増の結果である．

新生代に入ってからも太平洋の底をなす複数の海洋プレートは，アジア大陸の下に沈み込み続け，新しい付加体（四万十帯）や花崗岩をほぼ継続的に形成してきた（図5.27 (f)）．なお，最も若い付加体（高圧型変成岩を含む）と花崗岩は，それぞれ紀伊半島や四国沖の南海トラフ（海溝）および陸上にならぶ活火山列の直下で形成中である．

(4) 沈み込み型造山運動の特性： 約5億年前以降の日本は，基本的には上記のような沈み込み型プレート境界に存在し続けてきた．一方で，揚子地塊そのものは，中生代初期に

図 5.30 周防変成岩の露頭写真（西村祐二郎撮影）山口県岩国市錦町出合の錦川に露出するざくろ石泥質片岩で，225 Ma の放射年代が測定されている．

北側にあった中朝（北中国）地塊と合体し，より大きなアジアあるいはユーラシア大陸の一部となっていった．古生代後半以降にアジアが成立し，日本はその東端の造山帯として成長し続けた．

これまでのべてきた日本列島の構成や歴史に基づくと，プレート沈み込み型造山帯では，複数回の造山運動がおきたことがわかる（図5.22参照）．1回の造山運動はある特定時期の高圧型変成岩の形成・上昇と花崗岩の純増で特徴づけられる．高圧型変成岩の上昇過程によって，造山帯の核部が形成され，同時にその内陸側には広大な花崗岩体が貫入する．次の造山運動では，その場がそれぞれ海洋側に移動し，新たな低角度構造が間欠的に外側に成長し，またより古期の造山帯中には花崗岩が順次貫入する．換言すれば，日本は高圧型変成帯が付加体の間に約1億年周期で4〜5回上昇することによって基本構造が形成され，少し時間が遅れて花崗岩体が貫入し，成長してきた．この造山運動の場は時間とともに海洋側に移動した．このような沈み込み型造山運動の非定常性は間欠的な海嶺沈み込みに起因し，1回の造山運動は中央海嶺の沈み込みで始まり，次の中央海嶺の沈み込みとともに終息すると考えられる．

c. 島弧の時代 古生代以後，日本はずっと大陸縁辺で沈み込み型造山運動をうけ続け，大陸地殻が成長する活動的大陸縁に存在していた．ところが約

2000万年前(新第三紀中新世)に,海溝から200〜300km内陸側の大陸地殻に,ほぼ大陸縁に平行な亀裂が多数生じ,大陸地殻が裂け始めた.新しくできた網目状の裂け目群は,火山弧の大陸側に発達し,それを中心に大陸地殻が薄くなり,新しい海洋地殻をつくる日本海(背弧海盆)ができ始めた(図5.27 (g)).

(1) 日本海の形成と島弧の成立: 日本海の拡大は短期間に進み,約1500万年前までに終了した.拡大時には,日本海の東西両側にできた大規模な横ずれ断層のペアが活動し,日本の大陸地殻はユーラシアの地殻から独立した.このようにして,日本は大陸側に背弧海盆をもつ典型的な島弧という現在の姿になった(図5.31).

日本海拡大の初期には,大陸地殻の引き伸ばしと,その下のマントルからの新しい物質の追加によって,玄武岩質から流紋岩質におよぶ多様な火山岩が広域に噴出した.一方で,引き伸ばされた大陸地殻は薄くなり,アイソスタシーを保つために地表はくぼみ始め,そこには多量の火山物質や黒鉱鉱床を含む厚い地層が堆積した.これがグリーンタフ(5.5.c (1) 項参照)となった.

(2) 島弧の屈曲構造: 一方,北西太平洋ではフィリピン海プレートの下に太平洋プレートが沈み込んで,伊豆-小笠原-マリアナ火山弧ができた.背弧拡大をくり返すフィリピン海プレート自身も,北縁がユーラシアプレートの下に沈み込んでいたため,北東端の火山弧の先端が日本列島に突きささるように衝突した(5.5.c項,図5.25 (a) 参照).その結果,古生代以降の付加体がつくっていた日本列島の帯状配列が大きく曲げられ,伊豆半島を中心に北に凸形の屈曲構造をつくった.丹沢山地は衝突した過去の伊豆-小笠原弧の北端部の地殻が露出したものである.

その後も,ユーラシア,北アメリカ,フィリピン海,そして太平洋という4種のプレートが会合する南関東地域(図5.21参照)は,地震や火山活動など地球科学現象という観点からは極めて不安定な場であっ

図5.31 日本海(背弧海盆)の拡大(磯崎・丸山,1991を一部改変)

た．活火山としての日本最高峰の富士山がまさに微妙な位置にあることは，偶然ではない．

d. 日本列島の未来 今後しばらくはほぼ現在と同じプレートの動きが続き，日本列島はアジア東縁の造山帯の一部として存在し続けるであろう．しかし，いまから約5000万年後には，フィリピン海のプレートがすべて沈み込んで消滅し，北上するオーストラリア大陸がフィリピン諸島やニューギニア島などを壊しながら東アジアに衝突するだろう（図5.32（a））．その時点で東アジアのプレート境界は，それまでの海洋プレートの沈み込み帯から，大陸プレート同士の衝突帯に変わることになる．その一部にはさみ込まれる日本列島も，それまでの島弧からアルプスやヒマラヤ山脈のような大陸衝突域へと変化するだろう．

さらに，いまから2億年後には北アメリカ大陸がアジアに衝突して，9億年間存在し続けた太平洋という超海洋がほぼ完全に消滅し，同時に次の超大陸（アメイジア，Amasia）ができるだろう（図5.32（b），図5.26参照）．超大陸の内部にとり込まれたかつての日本列島であった部分では，地震や火山噴火などがまったくおきない安定大陸のなかにとり込まれるであろう．

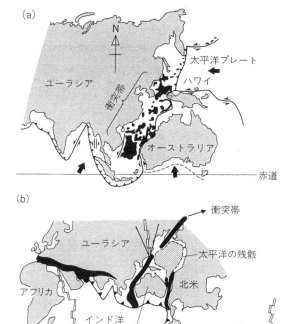

図5.32 未来のアジアの地理と日本列島の最後（磯﨑，2000）(a) 5000万年後のオーストラリア大陸の衝突，(b) 2億年後の北アメリカ大陸の衝突と超大陸アメイジアの成立．

6. 地球と人類の共生

　地球は46億年の歴史のなかで生命を生みだし，さらにその生命の営みによって，陸上に生物がすめる環境を育んできた．地球上に人類が現れてしばらくすると，地球内部から資源をとりだし文明を築き始める．この数百年間，とくにこの70年間に地球環境は人間の手によって大きく変えられた．このため，天然資源の枯渇や化石エネルギー資源の燃焼による地球の温暖化など，地球と地球環境にまつわるさまざまな問題が生みだされてきている．一方，世界の各地では毎年のように，地震や火山噴火に誘発される自然災害や豪雨による土砂災害が発生している．

　地球と人類および動植物がこれからも共生を続けていくためには，現在の地球が抱えている天然資源の枯渇，地球環境の悪化，自然災害などさまざまな問題に，私たちはとり組んでいかなければならない．

6.1　地球環境の変遷

　太陽系惑星のなかで，生物がすめる環境をもった惑星は地球だけである．地球の大気は46億年前から徐々に変わってゆき，生物の営みとともに現在の地球環境が形成された（図6.1）．

　a．原始大気と原始海洋　　46億年前に微惑星の衝突のくり返しによって，惑星地球の形成が始まった．衝突のエネルギーによって温度が上昇し，微惑星に含まれていた二酸化炭素，水，窒素などの蒸発によって，原始大気が形成された．

　一方，原始大気は超低温の惑星間空間にかこまれていたため，上昇した原始大気は急冷され，雨となって下降した．最初のころは地表の温度が高温だったため，雨は地表へ到達する前に蒸発をくり返した．マグマオーシャンが固化し地表の温度が低くなると，雨は地表に降り注ぐようになり，やがて原始海洋に成長していった．このようにして，原始海洋は約40億年前にできあがった．

　原始大気に含まれていた水蒸気が雨となり地表に降り注ぐと，原始大気の組成はしだいに二酸化炭素と一酸化炭素に富むようになっていった．原始海洋が誕生すると，大気中の二酸化炭素は多量に海水に溶け込んだ．原始大気中の二酸化炭素の減少に伴って温室効果が弱まり，大気の温度は下がっていった．このときの

大気には，ほとんど酸素は含まれていなかった．

b. 酸素の発生とオゾン層の形成　27億年前ころに，太陽の光線が届く浅い海に原核生物のシアノバクテリアが発生した．シアノバクテリアは太陽エネルギーを浴びると，海水に含まれる二酸化炭素を消費して，活発に光合成を始めた．光合成によって遊離酸素の生産が始まると，海洋と大気にはしだいに酸素の量が増え，二酸化炭素の量が減っていった．二酸化炭素の減少に伴って，温室効果が弱まり，大気の温度はさらに低下を続けた．

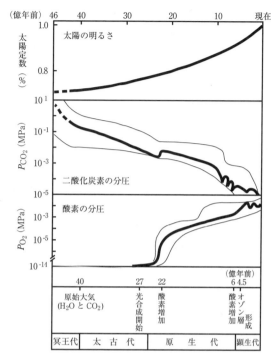

図6.1　地球の大気組成の変化（川上，2000と丸山・磯﨑，1998から編図）
細線は推定値の範囲を示している．

10億年前以降になると藻類が浅い海に繁茂するようになり，6億年前ころから，大気中の酸素量が急速に増加した．酸素量の増加に伴って，約4.5億年前には大気の上層にオゾン層が形成された（図6.1，図1.13参照）．

c. 寒冷−温暖の大サイクル　6億年前以降，寒冷化と温暖化の大きなサイクルが2回ほどくり返された（図6.2）．まず，5億年前からゆっくりと温暖化へ向かい，3〜2億年前に寒冷期を迎えた．その後，再び温暖化へ転じたのち，新生代初期から寒冷化が始まっている．この寒冷−温暖の大サイクルに呼応して，海水準変動がおきている．このような大サイクルは，大陸の分裂・集合や火成活動と時間的な関係が認められることから，地球内部の変化に対応していると推定されている．

新生代初期から始まった寒冷化は，3500万年前から加速されている．新生代第四紀（258万年前）に入ると，寒冷化（氷期）と温暖化（間氷期）のサイクルが周期性をもつようになり，氷河時代を迎えた．

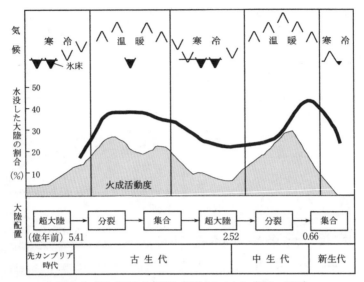

図 6.2 顕生代におきた寒冷-温暖のサイクル（川上，2000）
図中の太線は水没した大陸の割合を示している．

d．氷期-間氷期　図 6.3 は有孔虫化石に含まれる酸素の同位体比から推定された海水準変動のグラフである．さらに，この図の上部に示された氷期と間氷期のサイクルは，20 万年前以降は海水準変動のパターンによく対応している．氷期には高緯度の地域に氷床や氷河が発達し，海水準が低下する．逆に，間氷期には氷が溶けて，海水準の上昇がおきる．過去 35 万年間には，氷期と間氷期が約 10 万年の周期でくり返されている．この周期は地球軌道要素の周期的な変化と対応しており，ミランコビッチサイクルとよばれている（4.7.e 項参照）．現在と海水準がほぼ同じ時期と海水準が最も低下した時期とが，それぞれ 3 回ほど記録されている．最も低下した時期の海水面は，現在より 120 m ほど低い．

約 10 万年周期のサイクルのなかにも，周期の小さな変動が認められる．この周期的な変動が今後も続くと考えると，海水準は低下傾向にあり，地球は寒冷化へ向かうことが予測される．

e．海洋酸素同位体ステージ　海水準変動曲線（図 6.3）をみると，多くの山（ピーク）と谷がくり返しているのがわかる．間氷期には海水準が高くなるのに対して，氷期には低くなる．新しい方から順に 1 から，間氷期を示す山には奇数番号が，氷期を示す谷には偶数番号がそれぞれつけられている（町田，2003）．このような時代区分は，MIS（海洋酸素同位体ステージ，Marine oxygen

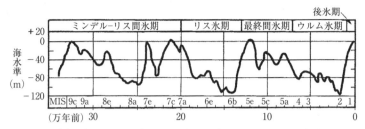

図 6.3 有孔虫の酸素同位体比から推定された過去 35 万年間の海水準変動曲線 (Chappell, 1994) 図の上欄にある氷期や間氷期の名称は、最近ではあまり使われず、下欄の MIS (町田, 2010) が用いられている. MIS (海洋酸素同位体ステージ) については、e 項を参照.

Isotope Stage) とよばれている (図 6.3). さらに小さなピークには、ステージ番号の後にアルファベットの小文字または小数点以下の数字がつけられ、たとえば、MIS 5e などと名づけられている.

6.2 天然資源

私たち人類は地球を構成している物質の利用法を工夫し、それを地球からとりだして文明を築いてきた. 人類が現在利用することのできる天然物質を天然資源という. 文明の進歩と天然資源の利用とは、切り離して考えることができない.

まず 30 万年前ころから、人類は岩石を加工し、石器として本格的な利用を始めた (中期旧石器時代). その後、新石器時代を経て、約 5000 年前には銅や鉄などの金属を利用するようになった. 18 世紀後半の産業革命では、石炭が重要な役割をはたした. 20 世紀には、多量の石油を消費することによって、便利な生活を手に入れた (図 6.4).

これらの天然資源は 46 億年におよぶ地球の営みによってつくられたもので、人間の手によって新たにつくりだすことのできない非再生産資源である. 人類がこのまま消費を続けていけば、天然資源は有限なので、いつかは尽きてしまう.

a. 岩石・鉱物資源 簡単な加工を加えるだけで、岩石や鉱物のもつそのままの性質が利用されている.

① 花崗岩で代表される深成岩や硬質な堆積岩は、規則的な模様をもち風化に強く加工が簡単なため、整形して表面が磨かれ、墓石や壁材として利用されている. 化石を含んだ石灰岩や大理石も、装飾用として使用されている.

② 石灰岩 ($CaCO_3$) はセメントの原料として用いられる. セメントは石灰岩に粘土と少量の石こう ($CaSO_4$) が添加された製品である. ビルや高速道路な

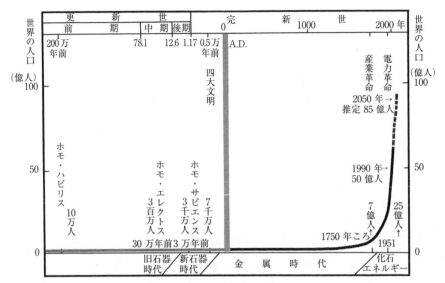

図 6.4 文明の発達と天然資源の利用

どに多量に使われているコンクリートは，セメントに骨材を混ぜたものである．安山岩や砂岩は細かく砕かれ，骨材として利用される．さらに，海底や河川に堆積した砂利も，骨材として重要な資源である．

③　粘土は高温に熱すると焼結する性質をもつため，古代から土器の原料として利用され，現在では陶磁器の原料として広く利用されている．このほか，粘土は吸着性や漂白効果などの性質をもつため，ハップ剤，化粧品，胃腸薬，紙などに利用されている．

④　ダイヤモンドで代表される宝石は，装飾用として用いられてきた．また，硬い性質を利用して，ダイヤモンドやコランダムなどは，掘削機械や研磨剤などに用いられる．

⑤　おもに石英からなる珪石や珪砂は，ガラスの原料である．六角柱状を示す石英が，水晶として知られている（図 3.3, 3.4 参照）．薄い板に加工された石英（水晶）の製品は，クォーツとよばれ，石英のもつ非常に規則正しい振動が電気的に変換されて，水晶振動子や水晶発振器として時計，コンピューター，通信情報機器，家電などに使用されている．

b．金属資源　地殻に含まれる主要な金属元素は Si，Al，Fe，Ca であり，それ以外はごくわずか含まれているにすぎない（図 3.1 参照）．自然銅（Cu）や

自然金（Au）など一部の金属を除くと，単体で産することはなく，鉱物中に珪酸塩や酸化物などとして含まれるのがふつうである（3.2.c項参照）．

　このため，岩石や鉱物から有用な金属元素を効率よくかつ経済的にみあうように抽出するためには，元素が濃集していなければならない（表6.1）．元素が濃集している部分を鉱床や鉱脈といい，採掘されたものは鉱石とよばれる．元素の濃集の程度を品位という．

　長期間にわたる地球の営みと地下を通過する水や熱水との反応によって，金属元素が濃集し，さまざまな種類の鉱床や鉱脈が形成されてきた．縞状鉄鉱層（口絵13）など一部の鉱床では，元素の濃集にバクテリアが関与したものもある．

表 6.1　主要な元素の存在量と鉱床としての有用性

元素	地殻存在度 重量（%）	品位 (%)	濃集度 (倍)
Al	8.13	15	2
Fe	5.00	25	5
Ti	0.44	2	5
Mn	0.095	30	300
Cr	0.01	20	2000
Ni	0.0075	1	150
Zn	0.0070	3	400
Cu	0.0055	0.4	70
Pb	0.0013	2	1500
Sn	0.0002	0.2	1000
U	0.0002	0.1	500
Mo	0.00015	0.1	700
W	0.00015	1.3	9000
Hg	0.000008	0.2	25000
Ag	0.000007	0.01	1500
Pt	0.000001	0.0003	300
Au	0.0000004	0.0004	1000

c．化石エネルギー資源　　自動車のガソリンや発電のためのエネルギー源として，石油，石炭および天然ガスが使われている（図6.5）．これらの資源は生物の遺骸が堆積して形成されることから，化石エネルギー資源とよばれる．主要産出地域，確認されている埋蔵量および可採年数を図6.6に示す．

(1) 石　炭：　そのままでも燃料として利用されるが，最近では高温で乾留させ，気体や液体の状態で利用されることが多くなっている．燃料としての効率性に基づいて，泥炭，亜炭，褐炭，歴青炭，無煙炭に分けられる．

　石炭は堆積岩のなかに，炭層として層状に産する．石炭の産出する地域は炭田とよばれる．石炭は陸上の植物が大湿地帯などの堆積盆地に堆積したのち，嫌気性バクテリアの働きとともに腐敗が終わり，さらに埋没しより高い地温と地圧によって炭化作用をうけて形成されたとされる．

　世界の大炭田のほとんどは石炭紀～ペルム紀に形成されているが，日本の炭田は古第三紀のものが多い．

(2) 石　油：　天然に産するものは原油とよばれ，複雑な精製工程を経て，

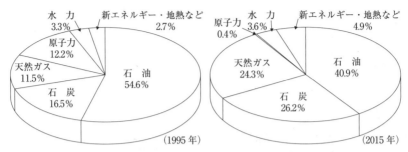

図 6.5 日本の発電実績（資源エネルギー庁，2018 から作成）

火力発電の割合は石炭，石油，液化天然ガス（LNG）の和で示される．新エネルギーに関しては，6.2.e 項を参照．2011 年の東北地方太平洋沖地震による福島第一原子力発電所の深刻な事故によって，国内の原子力発電所がすべてストップした．その後，少しずつ再可動を始めているものの，原子力発電の割合が激減している．

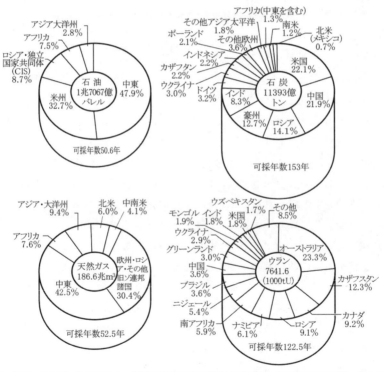

図 6.6 化石エネルギーおよびウラン資源の確認可採埋蔵量と可採年数（2016 年末）（資源エネルギー庁，2018）

注：構成比の各欄の数値の合計は四捨五入の関係で 100 にならない場合がある．
　　資源割合は採鉱ロスなどを考慮していない．

ガソリン，灯油，軽油，重油などが生産される．

　石油は藻類，有孔虫，放散虫などの温暖な海に生息した生物が嫌気性バクテリアの働きによって，ケロジェンを経て炭化水素に変化し，熟成されて形成されたと考えられている．このようにして形成された石油は，多孔質の地層中で水と置換されながら移動し，背斜構造，断層，岩塩ドームなどの地質構造に規制されて貯留している（図6.7）．頁岩や砂層の空隙に石油をトラップしている堆積物もあり，それぞれオイルシェールとオイルサンドとよばれている．

　世界の石油の形成時期はおもに白亜紀であるが，日本の石油は新第三紀に形成されたものが多い．

(3) 天然ガス： 主として石油に伴って産出し，液化天然ガス（LNG）や液化プロパンガス（LPG）として運搬される．

(4) ガスハイドレート： 海底や凍土地帯には，有機物がバクテリアによって

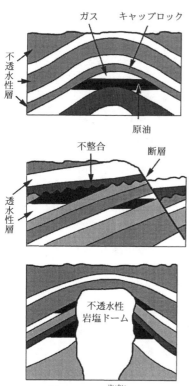

図 **6.7** 石油の胚胎場所

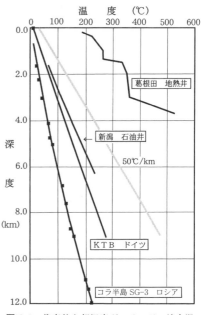

図 **6.8** 代表的な超深度ボーリングの坑内温度（森田ほか，1997）

分解されて発生したガスが海水と反応してできたシャーベット状の気体-水和物の存在が知られている（松本ほか，1996）．この物質はガスハイドレートとよばれ，メタンを主成分とするものをメタンハイドレートとよぶ．探鉱や採掘方法については現在検討中であるが，日本周辺の海域にも存在が確認されているため，新しいエネルギー資源として注目される．

d. 地熱資源　　地殻内では，深度に比例して地温が高くなる（図6.8）．深さが増すにつれて地温が高くなる割合を地下増温率（地温勾配）という（1.4.b項参照）．大陸地殻での平均値は3℃/100 m である．火山地域や地熱地域では地下に熱源があるので，地下増温率は1桁ほど大きくなることもある．

湧出する熱水は温度にしたがって，融雪，浴用，温室，暖房，発電などに多用されている（図6.9）．

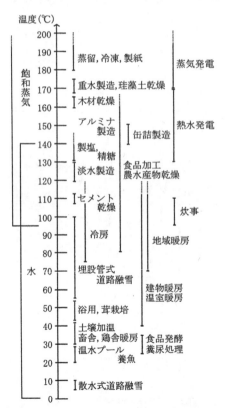

図6.9　温度による地熱の利用法（湯原，1992）

(1) 温泉：　古代から浴用や医療に利用されている．わが国では1948（昭和23）年に制定された温泉法に基づいて，温泉が定義されている．温泉法第2条によると，泉温が25℃以上であるか，もしくは特定の物質が規定量以上に含まれていれば，温泉とよんでよいことになっている．

(2) 地熱発電：　100℃以上の熱水は地表に達すると沸騰し，水蒸気となる．この水蒸気によってタービンをまわす発電方式が地熱発電である（口絵16）．火力発電も化石燃料を燃やすことによって水を沸騰させ，タービンをまわす方法であるので，原理的には地熱発電と同じである．地熱発電は石炭や石油を燃焼させる火力発電と違って，二酸化炭素を大気中に放出しないため，クリーンなエネルギーである．

e. 新エネルギー　　新エネルギーとは，新エネルギー利用等の促進に関

する特別措置法（1997年施行）において規定され，太陽光発電，風力発電，バイオマス発電，雪氷熱など温度差エネルギー利用などである．新エネルギーに地熱や水力を加えたものが，再生可能エネルギーであり，石油や石炭，天然ガスなどの有限な化石エネルギー資源と異なり，自然界に常に存在している．つまり，新エネルギーは再生可能エネルギーに含まれる．

6.3　火山との共生

　火山列島であるわが国は，国土の約20％が火山噴出物でおおわれている．昔から火山噴火がくり返され，火山の周辺にすむ人たちは，火山災害に脅かされ，また何度も大きな被害をうけてきた．雲仙普賢岳1991年6月の噴火で発生した火砕流（口絵15）では43名の，また御嶽山2014年9月の水蒸気爆発では58名の犠牲者がでた．一方で，火山列島にすむ私たちは観光，温泉，地熱資源など火山の大きな恩恵にも浴している．私たちにとって，火山といかにうまく共生していくか，という問題は重要である．

　a．火山災害の種類と規模　火山災害には，噴火によって直接ひきおこされる噴火災害と，噴火時以外でも火山の地形や地質などに関連しておこる災害とがある．これまでに多数の犠牲者をだした噴火事例を表6.2に示す．史上最悪の火山災害は92000人もの犠牲者をだした1815年のタンボラ火山の噴火である．この犠牲者の10％は直接的な噴火災害であるが，残りの90％は噴火後の飢饉による災害である．このように，1つの火山活動をみても災害にはいくつかの要因があり，それらが複合してより大きな被害をもたらすことが多い．以下に，火山災害の要因についてみてみよう．

　(1)　降下火山砕屑物：噴火によって火山岩塊，火山弾，軽石，火山灰などが空中に放出される．これらの火山砕屑物（表3.7参照）は，重力によって降下し，落下時の衝撃による破壊，高温による発火などの被害をもたらす．火山砕屑物のなかでもより細粒の軽石や火山灰などは，火口から風下側の広い範囲に降下し，農作物，家畜，森林，建物などに直接に被害を与える．また，大気中に留まった火山灰は，広範囲にわたる大気汚染をひきおこすだけでなく，成層圏に入ってエアロゾル（大気中の浮遊粒子）層を形成し，全地球的な気温低下をもたらすこともある．

　火山岩塊や火山弾など大きなものは，落下衝撃による破壊力は大きいが，飛散する範囲が限られ，被害は火口から数km以内で発生することが多い．

(2) 火砕流：　火山災害のなかで大きな被害をもたらす（表6.2）．その理由は流動速度が速い（時速100 kmをこえることもある：図1.7参照）ので，火砕流が発生したことがわかっても，避難できないからである．また，流動による破壊力が大きく，高温（500〜1000℃）なことから広範囲にわたって火災が発生するため，さらに被害が広がっていく．

(3) 火山泥流：　水を含んだ火山砕屑物が流下して山麓に運ばれる現象で，火山砕屑物の堆積地域にはごくふつうに発生する現象である．ラハールともいう．火砕流と同様に流速が速く（30〜60 km/h），到達距離は100 kmをこえることがある．極めて破壊的なために，歴史上でも大災害がくり返されてきた（表6.2）．火山泥流の発生原因としては，① 火口から泥状物質が噴出して流下するもの，② 噴火によって火口湖が決壊して生じるもの，③ 雪氷地帯で噴火がおこり，雪や氷が急速に溶けて生ずるもの，④ 火砕流が河川や湖沼になだれ込んで二次的に生ずるもの，⑤ いったん山腹に堆積した火山噴出物が多量の降雨や地震などで流出するもの，などがある．

(4) 溶岩流：　数百〜1200℃という高温の粘性流体で，その流速は主として溶岩の粘性によって支配される．遅いものでは時速数km，速いものでは時速数十kmである（図1.7参照）．溶岩流は地形に支配されて流下し，その通過域にあるものはすべて破壊もしくは焼失し，やがて溶岩に埋積される．溶岩流の流れ去ったあとには，森林や農耕地はすべて不毛の地と化す．しかし，溶岩流では避

表6.2　多数の犠牲者をだした歴史上の噴火（おもに理科年表，2018による）

火山名	噴火年	死者数	おもな原因
タンボラ（インドネシア）	1815	92000	90％は噴火後の餓死
クラカタウ（インドネシア）	1883	36417	津波
プレー（西インド諸島）	1902	29000	5月8日と8月30日の火砕流
ネバドデルルイス（コロンビア）	1985	25000	11月13日の火山泥流
雲仙岳	1792	15188	眉山の岩なだれと有明海の津波
ケルート（インドネシア）	1586	10000	火山泥流
ラカギガル（アイスランド）	1783	9336	餓死
ケルート（インドネシア）	1919	5110	火山泥流
ベスビオ（イタリア）	1631	4000	12月17日の火砕流
ガルングン（インドネシア）	1822	4000	火山泥流
ラミントン（パプアニューギニア）	1951	2942	1月21日の火砕流
メラピ（インドネシア）	1672	3000	火砕流
ニオス湖（カメルーン）	1986	1746	二酸化炭素ガス
渡島大島	1741	1475	山体崩壊で発生した津波
浅間山	1783	1151	火砕流

難する余裕があるので，人命が失われることは少ない．世界で最も活発な火山の1つであるハワイのキラウエア火山でさえ，溶岩流の犠牲になった人は，過去100年間に数名にすぎない．

(5) 火山ガス：　火山ガスは大半が水蒸気であり，このほかに硫化水素，亜硫酸ガス，塩化水素，二酸化炭素，窒素などが含まれる．これらの濃度が高いと，動植物に害を与える．気象条件や地形の関係では，火口から出た高濃度の火山ガスは，空中に拡散されずに山麓まで流下することがある．現在活動中の桜島の周辺では，降灰とともにしばしば火山ガスによる大気汚染に悩まされている．

(6) 火山体崩壊と岩なだれ：　噴火のときに山体の一部が大崩壊して，岩なだれをおこすことがある．磐梯山でおきた1888年7月の噴火は，この典型的な例である．大きな前兆もなく，突然に地震とともに強い爆発がおこり，火山灰や火山岩塊は黒煙とともに高く噴き上げられ，あたりは一時暗黒となった．このとき，磐梯山の北半部が崩壊して，山体をつくっていた岩石は北麓に流下し，流れ山をつくった（図6.10）．また河川がせきとめられて，桧原湖や小野川湖などができた．この惨事はわずか2～3時間で終わったが，461名もの生命を奪った．

(7) その他：　津波，火山性地震，地盤の隆起，空振などによる災害もある．火山活動に伴って岩なだれが海に流れ込んだり，海底に火口やカルデラができたりすると，津波が生じる．1792年の雲仙岳噴火では，眉山に大崩壊がおこり（図6.11），岩なだれとして有明海に流入したため大津波をおこし，15188人の死者をだした（表6.2）．この大災害は「島原大変肥後迷惑」として，語りつがれている．史上最大の津波は，1883年インドネシアのクラカタウ火山でおこった．カルデラ形成とともに津波が発生し，ジャワとスマトラ近海の海岸を襲い，

図 **6.10**　磐梯山1888年の噴火後のスケッチ（Sekiya and Kikuchi, 1890）山頂部には大崩壊によって馬蹄形のカルデラがつくられた．山麓にはその崩壊物質が岩なだれとなって流下し，多数の流れ山（コブ状の丘）ができた．

図 6.11 島原眉山 1792 年の大崩壊とそのときにできた九十九島（親和銀行提供）

36417 人の溺死者をだした.

火山地域では，マグマの上昇や貫入に伴って火山性の地震や地盤の隆起がおこることがある．とくに粘性の高いマグマの場合は，これらの現象が顕著になる．地盤の隆起に関連して断層，亀裂および波状の変形が生じ，道路や建物に被害がおよぶこともある．空振は爆発的噴火の際に発生し，窓ガラスなどが破損する．

b. 火山噴火の予知と防災 火山の噴火を人間の手で制御することは，現在のところ不可能である．したがって噴火を予知することは，人命や財産を守るために重要である．そのためには，過去の多くの噴火事例と火山活動の観測や研究をおこない，噴火の規則性や前兆現象をみつけだすことが必要となる．そして，防災のためには，いつ，どこで噴火がおきるのか，噴火のタイプや規模はどうか，いつ終息するか，を予測しなくてはならない．

(1) 噴火の予知： 長期的，中期的，短期的および直前的な視点からなされている．

長期的予知は数年〜10 年を目安とする．そのために過去の噴火年代，噴出物の量や特徴などの噴火履歴を調べることによって，その火山における噴火サイクルやマグマの供給システムを把握する．歴史時代の噴火年代の推定には，古文書が役立つ．有史以前の古い火山については，層序関係や年代測定によって，それを推定することができる．噴火の時期を予測するためには，たとえば噴火年代を横軸に，火山からの積算噴出量を縦軸にとって，段階ダイアグラムを作成する（図 6.12）．噴火年代と積算噴出量との間に一定の関係がみられれば，噴火の将来予測をすることが可能となる．また，1 つの火山のマグマの化学組成は長期間変化しないことが多いので，過去の噴出物の性質を把握しておくと，将来の噴火様式をある程度予測することができる．

中期的予知は数か月〜数年前を目安とし，火山性地震，常時微動の変化，重力

にみられる質量変化，電気抵抗，地磁気，地中温度測定による熱的変化，火山ガスや温泉水の化学変化などをとらえる．これらの変化はいずれもマグマが火道内に浸入し，火山の上部に接近している噴火へのサインとみなされるからである．

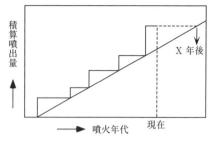

図 6.12 噴火年代と積算噴出量との関係

短期的予知は数週間～1か月を，直前予知は2～3日を目安としておこなわれている．このためには，噴気活動の活発化，地形的変化，地割れや崖崩れ，地鳴り，動物の異常行動，植物の枯死などの前兆現象をとらえることが必要である．噴火の直前予知はその周辺住民の安全を確保するうえで緊急性があるため，各種のデータ収集や処理を迅速におこなわなければならない．

北海道の有珠山の過去の噴火では，いずれの場合にも噴火に先だって，有感地震が多発したり（図 6.13），火口付近で多数の地割れや小断層が認められた．有珠山のデイサイト質マグマは粘性が高いため，その移動によって地震や地殻変動などの前兆現象が伴われやすいと考えられる．1910年の噴火では，有感地震が多発したため，噴火の前日に火山から半径約 12 km 以内の住民を強制的に立ちのかせ，噴火予知による住民避難に成功した．また 2000 年 3 月には，噴火の 2 日前に出された緊急火山情報をうけて，住民は噴火前に全員避難を完了していた．これらは火山防災上，画期的なことであった．

(2) 火山防災： 火山防災のためには，以下のような対策がとられている．気象庁は災害をおこす危険性の高い活火山について常時観測と監視を続けている．この結果と大学や研究機関がえた火山情報を総合して，

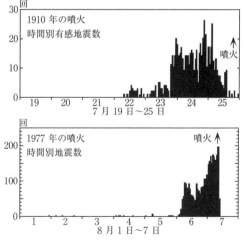

図 6.13 北海道有珠山における 1910 年と 1977 年の噴火前の地震数（岡田，1982，1986，伊達市ほか，1995 を改変）

気象庁は火山噴火による災害に注意をよびかけるために，噴火警報とその前段階としての噴火予報を発表する．これらの情報はテレビ，ラジオ，市町村などをつうじて公報される仕組みになっている．火山災害が発生したときには，災害の状況に応じて，国あるいは地方自治体に災害対策本部が設置され，災害対策の実施にあたる．大学，気象庁および関係省庁の委員で構成される火山噴火予知連絡会は，火山噴火の予知に関する情報交換をするとともに，進行中の噴火現象についての総合判断をおこない，必要に応じてとりまとめた統一見解などを発表する．現実には，このような科学的判断と行政的判断をどのようにすり合わせていくかが問題となる．

　火山に関する科学的な知見をもとにして，防災のための情報を蓄積しておくとよい．具体的には，火山ごとに過去の噴火の様子やそれに伴っておきた災害の履歴を調べて，将来火山災害をうける可能性のある区域を地図上に示したものを用意しておく．このような図を火山防災マップ（火山ハザードマップ）という（図6.14）．火山防災マップは作成・公表されればよいというものではなく，うけとる側が中身を理解できなければ，"絵にかいた餅"に終わってしまうことはいうまでもない．

　火山災害を軽減することを目的として，災害をうけやすい地域には防災施設がつくられている．たとえば，観光地には緊急避難のためのコンクリートシェルターが設置されている．火山泥流による被害を軽減するために，渓流や河川に砂防ダムや遊砂池がつくられ，谷の上流部に泥流の発生を知らせる泥流センサーをとりつけるなどの方策がとられている．また，人間の手で溶岩の噴出を止めることはできないが，溶岩流の進行を制御させたことがある．1973年にアイスランドのヘイマエイ島でおこった噴火では，港に接近した溶岩流の先端に海水を放水して強制的に冷却固化させ，溶岩流の前進にブレーキをかけ，港を守ることに成功している．

　c．火山の恩恵　　私たちは火山がつくる自然の美しさにいやされ，数々の恩恵に浴している．わが国の国立公園の60％は，火山に関係している．富士山は代表的な成層火山であり，支笏湖や十和田湖はカルデラ湖であり，いずれも日本の美しい風景の代表である．

　わが国とならぶ火山国であるニュージーランドやイタリアでは，火山の熱を蒸気や熱水の形で利用する地熱発電が盛んである（口絵16）．わが国の地熱発電による電力量は電力需要の0.3％にすぎないが，クリーンなエネルギーであるため，

6.3 火山との共生

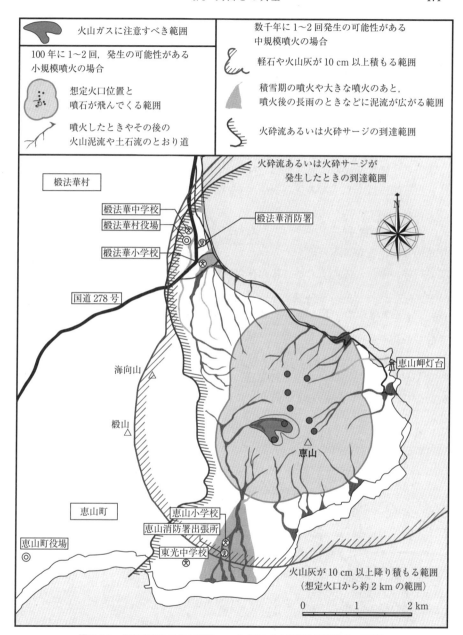

図 6.14 北海道恵山の火山防災マップ（恵山火山防災会議協議会，2001）
恵山（えさん）町と椴法華（とどほっけ）村は 2004 年に函館市に合併され，恵山火山防災会議協議会が廃止され，函館市防災会議がその役割を担っている．

今後のさらなる開発が期待される（6.2.d 項参照）．また，火山地域には優秀な温泉が湧出しており，その熱エネルギーは浴用だけでなく，温室や暖房などにも有効に利用されている．

火山灰は肥沃(ひよく)な土壌をつくることもあり，農作に適した土地となる．海山や火山島周辺は魚のすみかとなり，漁場を提供する．さらに，マグマは人間の生活に欠かすことのできない金属資源を含んでおり，有用な鉱床をつくる（6.2.b 項参照）．

このように，私たちは日常生活のなかで知らず知らずのうちに火山から精神的にも物質的にもたくさんの恩恵をうけているのである．

6.4 地震災害

私たちの祖先が日本列島をすみかとするようになって，わが国ではたびたび地震の被害が発生している．過去におきた地震は，発掘された古墳や住居跡にみられる亀裂(きれつ)や噴砂痕などによって知ることができる（寒川，1992）．歴史時代に入って，416 年に地震がおきたことが日本書紀に書かれている．それには地震がおきたとしか記述されていないので，被害があったかどうかは不明である．被害がでたことのわかるのは，599 年におきた地震が最初である．この地震の記述には，地震がおきて家屋が壊れたので神を祭ったようなことが書かれている．これ以降，史料や日記などの古文書などにはおびただしい数の地震に関する記述がある（宇佐美ほか，2013）．

a. 被害地震の発生場所

わが国に被害を与えてきた地震は発生場所の違いによって，主として3つのタイプに分けられる（図 6.15）．各タイプごとの代表的な地震を表 6.3 に示す．被害が大きい地震には，気象庁によって地震名がつけられることになっている．

（1）海溝型地震: プレートの境界でおきる地震で，プ

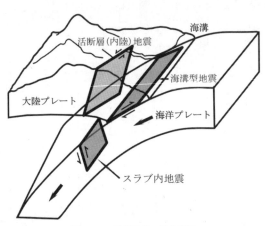

図 6.15 被害地震の発生場所

6.4 地震災害

表 6.3 1995 年以降に発生したおもな被害地震（理科年表，2018 から抜粋）

A. 海溝型地震

発生年月日	マグニチュード	地震名	被害状況
2003. 9. 26	M 8.0	平成 15 年十勝沖地震	死 1, 不明 1, 傷 849, 住家全壊 116, 半壊 368. 北海道および本州の太平洋岸に最大 4 m 程度の津波.
2011. 3. 11	M 9.0	平成 23 年東北地方太平洋沖地震（東日本大震災）	死 19630, 不明 2569, 傷 6230, 住家全壊 121781, 半壊 280962（余震・誘発地震を一部含む：2018 年 3 月現在）．死者の 90% 以上が水死で，原発事故を含む被害の多くは巨大津波（現地調査によれば最大約 40 m）．

B. 活断層（内陸）地震

発生年月日	マグニチュード	地震名	被害状況
1995. 1. 17	M 7.3	平成 7 年兵庫県南部地震（阪神・淡路大震災）	死 6434, 不明 3, 傷 43792, 住家全壊 104906, 半壊 144274, 全半焼 7132. 野島断層にそって地表地震断層が現れた．早朝であったため，死者の多くは家屋の倒壊と火災による．
2000. 10. 6	M 7.3	平成 12 年鳥取県西部地震	傷 182, 住居全壊 435, 半壊 3101. 活断層が事前に指摘されておらず，明瞭な地表地震断層も現れなかった．
2004. 10. 23	M 6.8	平成 16 年新潟中越地震	死 68, 傷 4805, 住家全壊 3175, 半壊 13810. 震源域の地質を反映して地すべりの被害が目立った．
2005. 3. 20	M 7.0	福岡県西方沖	死 1, 傷 1204, 住家全壊 144, 半壊 353.
2007. 3. 25	M 6.9	平成 19 年能登半島地震	死 1, 傷 356, 住家全壊 686, 半壊 1740. 珠洲と金沢で 0.2 m の津波．
2007. 7. 16	M 6.8	平成 19 年新潟県中越沖地震	震源域内の原子力発電所が被災した初めての例．死 15, 傷 2346, 住家全壊 1331, 半壊 5710. 地盤変状・液状化なども目立った．日本海沿岸で最大 35 cm（柏崎）の津波．
2008. 6. 14	M 7.2	平成 20 年岩手・宮城内陸地震	死 17, 不明 6, 傷 426, 住家全壊 30, 半壊 146. 建物被害よりも地すべりなどの斜面災害が目立った．
2014. 11. 22	M 6.7	長野県北部	傷 46, 住家全壊 77, 半壊 136（2015 年 1 月現在）．糸魚川-静岡構造線断層帯の北部部分で発生したと考えられる．
2016. 4. 14 4. 16	M 6.5（前震） M 7.3（本震）	平成 28 年熊本地震	死 50（ほかに関連死 219），傷 2807, 住家全壊 8668, 半壊 34718（2018 年 8 月現在）．布田川および日奈久断層帯で発生．長さ 30 km 以上の領域で地表地震断層が現れた．
2018. 6. 18	M 6.1	大阪府北部	死 5, 傷 435, 住居全壊 12, 半壊 273（2018 年 7 月現在）．都市直下型の浅い地震で M に比べ被害大．
2018. 9. 6	M 6.7	平成 30 年北海道胆振東部地震	死 41, 傷 689, 住家全壊 156, 半壊 434（2018 年 9 月現在）．強い地震動による地すべりと火力発電所の停止．

C. スラブ内地震

発生年月日	マグニチュード	地震名	被害状況
2001. 3. 24	M 6.7	平成 13 年芸予地震	死 2, 傷 288, 住家全壊 70, 半壊 774. 呉市の傾斜地などで被害が目立った．
2008. 7. 24	M 6.8	岩手県沿岸北部	死 1, 傷 211, 住家全壊 1, 半壊 0. 短周期の揺れのため被害は比較的少なかった．
2009. 8. 11	M 6.5	駿河湾	死 1, 傷 319, 住家半壊 6. 住家全壊はなく家具などによる負傷が多かった．初めて東海地震観測情報が出されたが，東海地震には結びつかないと判定された．
2011. 4. 7	M 7.2	宮城県沖	死 4, 傷 296, 住家全壊 36 以上，半壊 27 以上（2018 年 3 月現在）．

レート間地震やプレート境界地震ともよばれる．このタイプの地震は，日本列島をのせたプレートが潜り込むプレートに引きずられ，耐えきれなくなったときに弾性反発でおき，逆断層の動きを示す．日本列島の周辺海域でおこり，震源が遠い場合には初期微動継続時間が長く，マグニチュードが大きい割には被害が小さいこともある．海底で発生するため，津波を伴うことが特徴である．

(2) **活断層（内陸）地震**： 日本列島内部でおきる地震で，震源の深さは20 kmより浅い場合がほとんどである．このタイプの地震は，陸域でおきることから内陸地震とよばれるが，最近では成因に関連して活断層地震とよばれることも多い．また，プレートの内部でおきることから，大陸プレート内地震や内陸地殻内地震とよばれることもある．活断層にそっておきる場合と，活断層とは異なった場所で発生することもある（活断層研究会，1991）．プレートの押す力によって日本列島内部に歪が蓄積され，それが限界に達したときに断層が変位して，内陸地震が発生する．また，日本列島の地下でおきることから，直下型地震とよばれることもある．人口の密集した都市の直下もしくはその近くでおきると，大きな被害が誘発される．

(3) **スラブ内地震**： 上記2つのタイプの地震に比べて発生頻度は小さいが，沈み込んだプレート（スラブ）内の破壊でおきる地震であり，海洋プレート内地震ともよばれる．震源の深さは20 kmをこえるため，地震のマグニチュードの大きさに比べて被害が小さく，かつ津波が発生しない．

(4) **スローアースクェイク**： 海底でおきる地震は急激にすべりをおこすタイプがほとんどであるが，一部ではゆっくりとした破壊を伴う地震も観測されており，スローアースクェイクとよばれている（川崎ほか，1993）．このような地震は地震動が小さくても，大きい津波を発生させることがある．もっと破壊速度が遅い地震は，サイレントアースクェイクとよばれ，ほとんど地震被害がでない．

b．地震被害のタイプ 大きい地震では，断層すべりに伴って地表面に変位（地表地震断層）が現れるとともに，強い地震動が発生する．ここでは，地震による被害のタイプと実例を紹介する．

(1) **断層変位と津波**： 断層面のすべりに伴って地表に変位が現れると，その直上にあった道路や家屋などが切断される．たとえば，1891年の濃尾地震（M 8.0）のときには岐阜県根尾村（現本巣市）水鳥に約5 mの断層崖（地表地震断層）が出現した（図6.16）．また，1995年の兵庫県南部地震のときには，水田に亀裂が入ったり，断層直上の家屋の塀が分断されるという被害がでた（口絵18）．

一方，海溝型地震に伴って海底が変位すると，その変位が津波となって海岸や内湾を襲う．つまり，海底に変位が生じると，断層上の海面の上下動が発生する．この上下動が横波となって海面を伝搬していく．海岸近くになると海底が浅くなるため，海面の上昇分が高波となって襲いかかる（図 6.17）．高波に伴って多量の海水が内湾に注ぎ込まれると，逃げ場を失った波が陸地の奥まで入り込む．

1993 年の北海道南西沖地震では奥尻島を津波が襲い，島の南部の青苗地区が壊滅状態になった．2011 年の東北地方太平洋沖地震では，津波によって 1 万人をこえる犠牲者がでるとともに，福島第一原子力発電所で深刻な事故がひきおこされた．

図 6.16 濃尾地震のときに出現した水鳥の断層崖 (Koto, 1893)

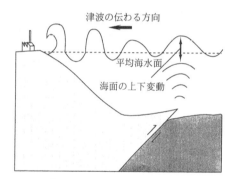

図 6.17 津波の発生メカニズム

(2) 地震動と液状化： 地震動は震源からの距離に比例して減衰する．したがって，地震動の大きさは地震のマグニチュードと震源からの距離に関係する．地震動による被害は地盤の性質にも依存し，硬い岩盤上では被害が小さいのに対して，軟らかい地盤上では被害が大きくなる．

完新統などの新しい地層や人工的な埋め立て地では，堆積作用や圧密が不十分なために粒子間の結合力が弱いことから，強い地震動をうけると地盤の液状化や流動化がおきる．この場合，地盤を構成している砂の粒子と粒子が地震動によってできるだけ密着しようとする．このため，粒子間を飽和していた水の圧力が高まり，砂地盤がまるで液体のように流動する．砂が水とともに地表に噴き出すと，地面に噴砂丘ができる（口絵 19）．一般に，地盤の液状化は震度 5 弱以上でおこる．

1964年の新潟地震（M 7.5）では，新潟市内で液状化がおこり，コンクリート造りのアパートが倒壊するなどの被害がでた．1995年の兵庫県南部地震では，震源に近い神戸市で地震動によって高速道路が倒壊したり（口絵17），海岸の埋め立て地で液状化が発生した．さらに，2000年の鳥取県西部地震，2005年の福岡県西方沖の地震，および2011年の東北地方太平洋沖地震でも，海岸の埋め立て地に液状化がおき，港湾施設に大きな被害がでている．

c．地震の予知 地震を予知するためには，地震のおきる場所，時間，規模の3つの要素をすべて明らかにする必要がある．どれか1つが欠けても，予知したことにはならない．たとえ地震の場所と時間がわかったとしても，規模が小さくて被害がでないような場合には，問題とならない．

また，"東海地震"のように規模と場所がある程度予測されていても，発生時期がわかっていないので予知されたとはいえない（金折，1995）．1995年の兵庫県南部地震や2011年の東北地方太平洋沖地震では前兆現象が地震前に報告されなかったために，地震予知に関して悲観的な見方が多くなってきている．しかしながら，地震被害を軽減する最も有効な手段の1つは，地震の予知であることはいうまでもない（上田，2001）．

(1) 宏観異常現象： 古くから地震の前に地鳴りや発光がおきたり，動物が異常行動をとったりすることが報告されている．このように，精密な観測装置を用いないで，人間の感覚で感じとることができる現象は，宏観異常とよばれている．1975年に中国でおきた海城地震（M 7.3）では，動物の異常行動から地震予知に成功したとされている（安徽省地震局，1979）．1995年の兵庫県南部地震のさいには，地震後にさまざまな宏観異常現象が報告された．これらの宏観異常現象は地震前の電磁気学的な変化に関係することが指摘されている（池谷，1998）．

(2) 地殻の変形に伴う諸現象： 1973年にショルツ（C.H. Scholz，アメリカ）は，岩石が破壊する直前になると急速な体積膨張をおこすことを確認した．その膨張に伴って地面の隆起や地下水の移動がおこるとするダイラタンシーモデルが提唱された（Scholzほか，1973）．このような地面の変化をとらえるために，伸縮計や傾斜計などの精密な装置による観測やGPS観測による測地が継続しておこなわれている．

1995年の兵庫県南部地震後には，図6.18に示すように，地震の発生前に地殻の伸張，地下水の湧出量，それに溶けているRnやCl$^-$の濃度が地震時もしくは

発生以前に変化していたことが明らかにされた．Cl⁻の濃度は市販されている「六甲のおいしい水」について，ボトルに詰められた日付けのわかっているものの分析結果である．思わぬところに，地震の前兆が記録されていたのである．

(3) 地電流： ギリシアでは，地電流の変化を連続観測することによって，60％以上の確率で地震予知に成功したといわれている．この方法は考案者3名の頭文字をとって，VAN法と名づけられている（長尾，2001）．わが国にもこの方法が導入され，地電流の観測が試みられているが，現時点では実用化には至っていない．

d．地震防災 1970年ころから南海トラフにそっ

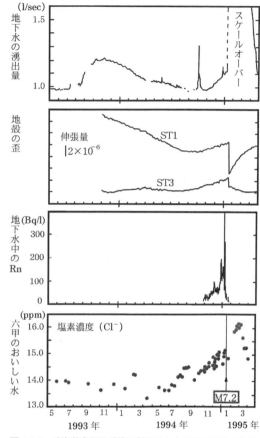

図6.18 兵庫県南部地震後に報告された地盤の変位や地下水の組成変化 (Tsunogai and Wakita, 1996)

て，"東海地震"の発生が指摘され始めた（石橋，1993）．このため，1978年に大規模地震対策特別措置法が施行され，関東から東海にかけての太平洋沿岸地域に地震観測網が整備され，地震防災対策が強化された．さらに，1995年の兵庫県南部地震を契機にして，同年に地震防災対策特別措置法が施行され，地震調査研究推進本部が発足している．

地震の予知が成功したとしても，人間の力では地震の発生をくい止めることはできない．地震から私たちのかけがえのない生命や財産を守るためには，地震現象を科学的によく理解しておくことに加えて，常日ごろから地震に備えておく必要がある．そのためには，非常食や水などを常備しておくとともに，ハザードマ

ップを活用して，避難経路や避難場所を確認しておくことが肝要である．地震の揺れはせいぜい1分間程度であるため，地震がおきたときにはあわてずに冷静な行動をとることが望まれる．

6.5 その他の災害

図6.19に自然災害による死者・行方不明者の数を示す．地震や火山活動は大災害を伴うことが多いが，発生頻度はそれほど高くない．土砂災害はほとんど毎年のように発生している．

a. 土砂災害 土砂災害は発生形態や地塊の移動速度によって，地すべり，崖崩れ，土石流に分けることができる（図6.20）．斜面災害ともいう．

① 地すべりは特徴的な形態をもち，緩慢な動きが継続したあとに，急速な崩壊がおこることもある．地すべりの頂部には滑落崖が認められ，下底には地すべり面が存在する．地すべり面には膨潤性をもつ粘土が存在することがあり，それを地すべり粘土という．

② 崖崩れは山腹斜面が急激に崩壊する現象で，崩壊域と堆積域からなる．

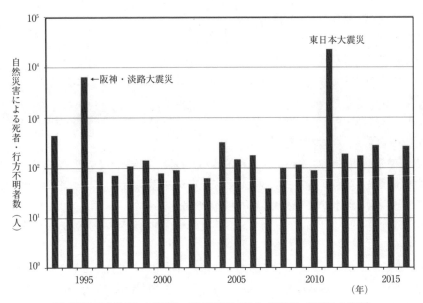

図6.19 自然災害による死者・行方不明者の割合（内閣府，2018から作成）
注：縦軸が対数目盛になっていることに注意．消防庁資料をもとに内閣府において作成．
地震には津波によるものを含む．

6.5 その他の災害

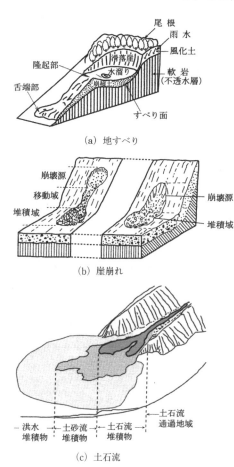

(a) 地すべり

(b) 崖崩れ

(c) 土石流

図 6.20 土砂災害の発生形態（古谷，1996，千木良，1998）

図 6.21 長野県西部地震で誘発された御嶽山南西麓の伝上川崩れ（長野県木曽郡王滝村，1986）

崩壊域が高い位置にあると，堆積域との間に移動域をもつ．人工的に改変された斜面や道路工事に伴う切土斜面で発生することもある．

③ 土石流は泥，砂，岩屑などが多量の水を含んで流動する現象である．日本の河川は上流の河川勾配が急であり，平地部に出ると急に緩くなる．このため，上流で発生した土石流は急速に流下し，山地の出口に土砂を堆積し，そこにあった家屋や農地に被害を与える．土石流は山津波ともよばれる．

土砂災害の原因には，素因と誘因とがある．素因は間接的な原因で，その場所がもっている地形や地質的な特徴である．誘因は土砂災害の直接的な原因で，多量の降雨や地震などがあげられる．たとえば，口絵20の土石流災害では，素因（風化した花崗岩の分布域）と誘因（梅雨末期の豪雨）との関係がよくわかる．

1984年の長野県西部地震に伴って，御嶽山南西麓に大崩壊が発生し，土石流となって伝上川を流下した（図6.21）．土石流は濁川温泉の旅館をのみ込み王滝

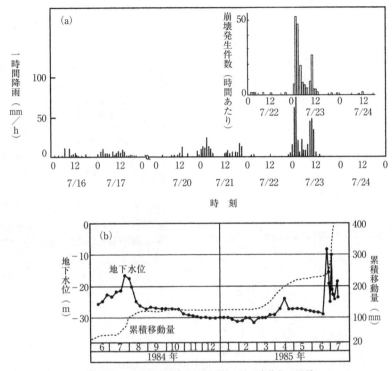

図 6.22 土砂災害発生と時間雨量や地下水位との関係
(a) 1983年7月山陰豪雨による浜田市の降雨量と崩壊発生状況 (柴田ほか, 1984).
(b) 長野市地附山地すべり地内におけるボーリング孔の地下水位と伸縮計による累積移動量 (信州大学自然災害研究会, 1986).

村まで達し,大きな被害をだした.

梅雨前線,台風,集中豪雨など多量の降雨に誘発される土砂災害の発生は,時間雨量強度と長期間の累積雨量や地下水位の上昇に関係している(図6.22).

土砂災害をおこす危険性の高い地域は,地すべり防止地域や急傾斜地崩壊防止地域に指定され,森林の伐採や土石の採取が規制されている.さらに,土砂災害を抑止するため,治山や砂防ダムの構築が進められている.

b. 人為災害 土砂災害の一部は森林の伐採などの開発行為が原因であることもあり,現在では自然災害と人為災害の区別がはっきりしないケースもでてきている.人為災害の例として,地盤沈下,内水水害および土壌や水質汚染があげられる.

(1) 地盤沈下: 地盤沈下は関東平野や濃尾平野など大都市をかかえる沖積

6.5 その他の災害

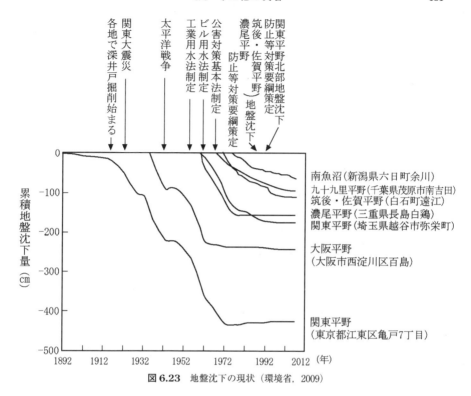

図 6.23 地盤沈下の現状（環境省，2009）

平野で発生している（図 6.23）．この現象は工業用水，農業用水，飲料水などのために地下水を過剰にくみ上げることが原因であり，地下水のくみ上げ量と地盤沈下量には明瞭な関係が認められる．最近では，地下水のくみ上げ規制がおこなわれ，地盤沈下が弱まり，あるいは停止しているところもある．

(2) **内水水害**：宅地の造成に伴い水田や草地が減少している．さらに，道路はほとんどアスファルトやコンクリートで舗装されている．このため，短時間に多量の降雨があると，逃げ場を失った水があふれ，内水水害が発生する．1999年に梅雨前線による豪雨で，東京都と福岡市で地下室が雨水で満たされ死者がでた．内水水害の対策として，道路の舗装には浸透性の高いアスファルトが用いられたり，学校の校庭を一時的な貯水池として利用することが検討されている．

(3) **土壌および水質汚染**：農薬の散布や産業廃棄物の処分によって土壌汚染が発生している．汚染された土壌を流れる表流水や地下水には有害な物質が溶け込み，やがては飲料水に混入することがある．

6.6 最近の地球環境問題

18世紀半ばにヨーロッパから始まった産業革命を契機として，人類は石炭を掘り出しそれを燃焼させ，地球の大規模な改変と大気汚染に手を染めていった．わが国では1960年代の高度成長期には，環境の保全よりも経済成長が優先され，水俣病をはじめとしてさまざまな公害問題が発生した．

1972年にローマクラブが発表した『成長の限界』のなかで，化石エネルギーの消費が人類の危機をもたらすと警鐘がならされた．それ以降，多くの人々は地球環境の問題に目を向けるようになった．全世界のエネルギー供給量は，図6.24に示すように，2015年には石油換算で130億トンをこえた．

化石エネルギー資源の使用やエネルギー開発をめぐって，地球規模の環境問題が顕在化してきており，自然との調和の重要性が認識されてきている．

a. オゾンホール 6.1節でのべたように，オゾン層によって太陽からの有害な紫外線が遮断され，生物の陸上進出を可能にした．ところが，このオゾン層に危機が訪れている．

半導体基板の洗浄剤，家庭用の冷蔵庫やクーラーの冷媒，発泡剤，スプレーなどに使われるエアゾールとして，これまで多量にフロンガスが使用されてきた．フロンガスは正式にはクロロフルオロハイドロカーボン類とよばれ，炭化水素，塩素およびフッ素の化合物である．フロンガスは化学的に安定なため，対流圏ではほとんど分解されないで，成層圏に達する．成層圏に達すると，フロンガスに含まれる塩素がオゾン層を破壊することが知られている．オゾン層の破壊によって生じたオゾンホールの拡大の様子を図6.25に示す．オゾンホールは1981年ころから増加を始め，2000年にはこれまでで最も大きい規模のオゾンホールが観測された．その後は少し変動しながら，やや縮小傾向にある．

オゾン層が破壊されると，太陽からの有害な紫外線が直接地上に注ぐように

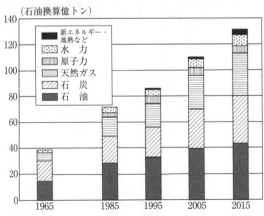

図6.24 世界のエネルギー供給量（資源エネルギー庁，2018から作成）

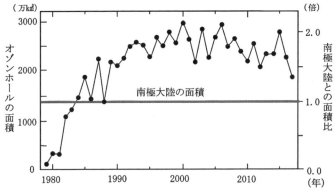

図 6.25 南極大陸上空の成層圏でのオゾンホールの拡大の様子（環境省，2018b）

なり，皮膚がんや白内障が増えるとともに，農作物にも被害がでることが明らかにされてきている．

フロンガスがオゾン層に到達するには 10 年以上もかかるので，オゾン層の破壊を防ぎオゾンホールの拡大を阻止するためには，できるだけ早くフロンガスの使用を制限する必要がある．1987 年 9 月の国連環境計画会議では，「モントリオール議定書」が採択され，フロンガスの消費を凍結するとともに，10 年間に消費量を半分に減らし，生産量を 35％ 減らすことが合意された．翌 1988 年には，わが国で「特定物質の規制等によるオゾン層の保護に関する法律」が制定された．フロンガスの代替品の開発も進められている．

b. 酸性雨　化石エネルギー資源には炭素，窒素および硫黄が含まれている．これを燃料として使う火力発電所や自動車などから，大気中に二酸化炭素，窒素酸化物，そして硫黄酸化物が多量に放出される．

これらの大気汚染物質は酸性雨として地表に降り注ぎ，土壌や河川を汚染している（石，1992）．汚染されていない雨の pH は 5.7 前後であるが，日ごろ降っている雨は pH 5.0 以下の酸性雨であり，大気汚染が進行していることを示している（図 6.26）．

酸性雨は国境をこえ，広範囲に影響をおよぼすことから，1979 年に欧米諸国は「長距離越境大気汚染防止条約」を締結し，いち早く酸性雨の原因となる物質の削減を始めた．わが国では環境庁（現環境省）が中心となって，「東アジア酸性雨モニタリングネットワーク構想」が提唱され，1993 年から構想の実現に向けて努力が続けられている．

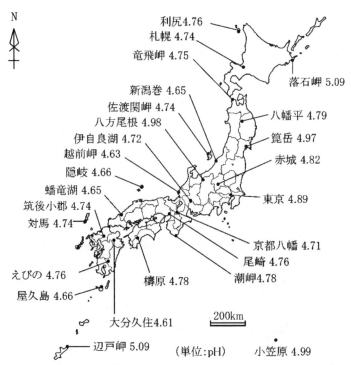

図 6.26 降水中の pH 分布図（平成 24～28 年度の 5 年間平均値）（環境省, 2018b）
注：平均値は降水量加重平均によって求められた．

c. 地球の温暖化　　世界の年平均気温は図 6.27 に示すように，小規模な変動を続けながら，緩やかに上昇していく傾向にある．気温の上昇は化石エネルギー資源の使用に起因する温室効果が原因であるとされる．

(1) 温室効果：　地球の大気中には熱を吸収する性質をもつガス（温室効果ガス）が含まれており，地表からの放射熱を一時的に蓄える．放射熱の一部はあらゆる方向へ放射され，一部は地表へ達する．太陽からの日射と大気からの放射熱によって地表が暖められる現象は，温室効果とよばれている．化石エネルギー資源の燃焼によって発生する二酸化炭素や窒素酸化物などは，代表的な温室効果ガスである．これらに加えて，メタン，オゾン，水蒸気なども温室効果をもっている．

図 6.28 は大気中の二酸化炭素濃度の経年変化である．1800 年以前は 280 ppm 前後でほとんど変化がみられない．その後，明らかな増加傾向を示し，現在では 380 ppm をこえている．1850 年以降の二酸化炭素の増加は，化石エネルギー資

6.6 最近の地球環境問題　　　185

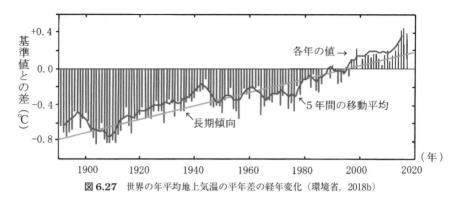

図 6.27 世界の年平均地上気温の平年差の経年変化（環境省, 2018b）

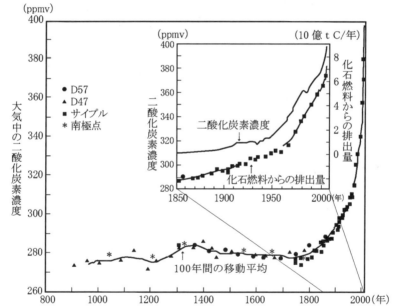

図 6.28 大気中の二酸化炭素濃度の推移（環境省, 2001 と 2009 から作成）
全体図は氷床コアの記録（D57, D47, サイプル, 南極点）による過去 1000 年間の CO_2 濃度で, 挿入図は化石燃料からの CO_2 排出量と大気中の CO_2 濃度である. 1958 年以降の大気中の CO_2 濃度はハワイのマウナロア観測所の実測値である.

源の使用による二酸化炭素の排出量の増加傾向と大変よく一致しており, 大気中の二酸化炭素濃度の増加が化石エネルギー資源の使用に深く関わっていることを示している.

気候変動に関する政府間パネル（IPCC）（1988 年に国連環境計画と世界気象

機関によって設立）が2007年に発表した第4次評価報告書によれば，現在の気温上昇傾向は21世紀の間継続し，2100年には地表温度が3±2℃上昇することが予測されている．気温が上昇すると，極地方の氷床や氷河が溶けだし，海水面が上昇する．気温の上昇に伴って，海水面からの蒸発が盛んになり，ゲリラ豪雨，巨大台風の出現や干ばつなどの気象災害が発生する危険性が指摘される．

(2) **地球温暖化防止に向けての国際的なとり組み：** 1997年12月に京都国際会館で，地球温暖化防止京都会議（COP3）が開催された．この会議には，「気候変動に関する国際連合枠組条約（気候変動枠組条約）」（1992年）の署名国158か国とオブザーバー6か国の代表団を含め，約1万人が集まった．気候変動枠組条約締結国全体の目標として，1990年に比べ2008～2012年の5年間に約5％ほど削減する目標がかかげられた．削減率は国によって異なっている．

2009年12月にデンマークの首都コペンハーゲンで開催された国連気候変動枠組み第15回締結国会議（COP15）では，京都議定書に定めのない2013年以降の地球温暖化対策が承認された．

2015年の気候変動枠組条約第21回締約国会議（COP21）によるパリ協定の目的は，地球の平均気温の上昇を2℃より小さく，できる限り1.5℃におさえるよう努力することである．このため，今世紀後半には温室効果ガスの排出と吸収をバランスさせることを目指している．

このような地球温暖化に対して，太陽活動（黒点数）の低下によって太陽エネルギーが減少して，地球は寒冷化するとする予測もだされている（丸山，2008）．

d. 放射性廃棄物 1986年旧ソ連のチェルノブイリ発電所で火災事故が発生し，大爆発とともに放射性物質が「死の灰」として放出され，周辺住民が被曝するとともに，農作物に汚染が広がった（柴田，2000）．1999年にはわが国のJCOウラン加工工場で臨界事故が発生し，作業員3名が被曝した．さらに，2011年の東北地方太平洋沖地震で発生した津波によって，福島第一原子力発電所で深刻な事故が発生している（表6.4）．これらの事故例は人間が放射性物質のとり扱い方や自然災害の想定を誤ると，人類の存亡にも関わってくることを物語っている．

原子力発電に伴って，高レベル放射性廃棄物が発生する．再処理によって廃棄物からウランやプルトニウムが回収される．回収後に残った高レベル放射性廃液は，溶融したガラスと混合してステンレス製の容器中で固化され，ガラス固化体が発生する．1966年の商業用原子力発電所の操業から2018年3月末までに，推

表 6.4 国際原子力事象評価尺度（INES）と評価例（環境省，2018a をもとに作成）

	レベル		評価例	
			国内	国外
事故	7	深刻な事故	福島第一原発事故（2011）	チェルノブイリ原子力発電所事故（1986，旧ソ連）
	6	大事故		
	5	所外へのリスクを伴う事故		スリーマイル島原子力発電所事故（1979，アメリカ）
	4	所外への大きなリスクを伴わない事故	JCO ウラン加工工場臨界事故（1999）	線源の紛失に伴い，2名の死亡（2000，エジプト）
異常な事故	3	重大な異常現象	旧動燃アスファルト固化処理施設火災爆破事故（1997）	数百 mSv の過剰被爆（2007，エジプト）
	2	異常現象	美浜発電所2号炉蒸気発生器電熱管損傷事故（1991）	ガンマ線ラジオグラフィー装置の紛失（2006，インド）
	1	逸脱	高速増殖炉もんじゅナトリウム漏えい（1995） 敦賀発電所2号炉冷却材漏えい（1999） 浜岡発電所1号機余熱除去系配管破断（2001） 美浜原子力発電所3号機2次系配管破損事故（2004）	従業者の線量限度以下の計画外の被爆（2004，フィンランド）
尺度以下	0	尺度以下		
		評価対象外		

定約2万5000本のガラス固化体が発生している．

　図6.29に示すように，高レベル放射性廃棄物からでる放射能がもとのウラン鉱石と同じレベルに低下するには，数万年という長い期間が必要とされる．この期間中，放射性廃棄物を人類から隔離するために地下300 m以深に空洞を掘り，そこに処分することが計画されている．これが地層処分である．

　2000年5月に高レベル放射性廃棄物の最終処分に関する枠組みを定めた「特定放射性廃棄物の最終処分に関する法律案」が制定された．この年に通産（現経済産業）大臣の認可をもって実施主体となる原子力発電環境整備機構が設立され，処分事業がスタートした．数万年という人類がこれまで経験したことのない長期間の保存と処分地の安定性や安全性に関して，地球科学的な立場から検討を続けていくことが要求されている．

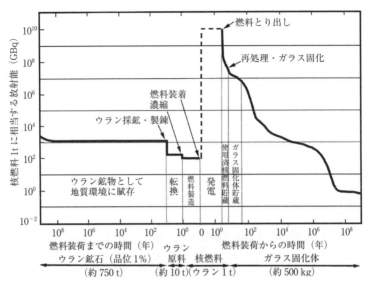

図 6.29 ウラン鉱石から高レベル放射性廃棄物に至る放射能の減衰（核燃料サイクル開発機構，1999）

6.7 開発と自然との調和

　私たち人類は自然を開発することによって農地や住宅地を手にいれ，さらに地球内部から金属資源や化石エネルギー資源を，あたかも地球が無限であるかのように錯覚してとり出してきた．化石エネルギー資源を使って，金属資源を工業製品に変えてきた．不要になった工業製品は，廃棄物として地表もしくは表層に蓄積されてきている．しだいに廃棄物処分場の確保が困難になりつつある．

　20 世紀後半から自然開発か自然保護かをめぐって，各地で対立がおきてきている．たとえば，計画から建設に至る 40 年におよぶ長い年月にわたって，開発か自然保護かで争われてきた長良川河口堰も 1995 年に竣工した．それまで人工的な構造物で遮られることなく伊勢湾に注いでいた長良川にも，ついに人の手が加わった．島根半島の付け根にある中海の淡水化については，2000 年に干拓工事の中止が決定された．長崎県の諫早湾の干拓に伴って 1997 年に湾が閉め切られたのち，2000 年には有明海の養殖のりが大不作となった．湾の閉切りがのりの不作と因果関係をもつことが指摘されている（佐藤ほか，2001）．

　私たちがこれまで自然を開発して，豊かな生活を享受してきたことは，確かである．これからは，開発と自然をいかにうまく調和させていくかが大きな課題であろう．

文　　献

阿部　豊，1996，太陽系の起源．岩波講座「地球惑星科学」1巻：地球惑星科学入門，219-280．
阿部　豊，2015，生命の星の条件を探る，文藝春秋．
Algeo, T.J., Berner, R.A., Maynard, J.B. and Scheckler, S.E., 1995, Late Devonian oceanic anoxic events and biotic crises: "Rooted" in the evolution of vascular plants? *GSA Today*, **5**, 45 and 64-66.
安徽省地震局，1979，宏観異常と地震―中国の予知成功例にみる，共立出版．
Aoki, K., Itaya, T., Shibuya, T., Masago, H., Kon, Y., Terabayashi, M., Kaneko, Y., Kawai, T. and Maruyama, S., 2008, The youngest blueschist belt in SW Japan: Implication for the exhumation of the Cretaceous Sanbagawa high-P/T matamorphic belt. *Journal of Metamorphic Geology*, **26**, 583-602.
有馬　眞，1994，陸の誕生．神奈川県立博物館編：新しい地球史46億年の謎，有隣堂，59-81．
馬場悠男，2018，NHKスペシャル「人類誕生」の前に―人類以前「類人猿」からホモ・サピエンス誕生まで―．NHKスペシャル「人類誕生」制作班編，NHKスペシャル「人類誕生」，学研プラス，8-14．
坂野昇平・Wallis, S.W.・平島崇男，1997，大陸衝突帯の深部から―超高圧変成岩の発見とその意義．科学，**67**，39-47．
坂野昇平，2000，変成岩の形成条件．岩石形成のダイナミクス，東京大学出版会，1-124．
Beatty, J.K., Petersen, C.C. and Chaikin, A., 1999, The New Solar System, 4th ed., Cambridge University Press.
Bengston, S. and Yue, Z., 1992, Predatorial borings in Late Precambrian mineralized exoskeletons. *Science*, **257**, 367-369.
Benton, M.J. and Little, C.T.S., 1994, Impact in the Carribean and death of the dinosaurs. *Geology Today*, 1994 Nov-Dec., 222-227.
Berner, R.A. and Canfield, D.E., 1989, A new model for atmospheric oxygen over Phanerozoic time. *American Journal of Science*, **289**, 333-361.
Berner, R.A., 1994, GEOCARB II: a revised model of atmospheric CO_2 over Phanerozoic time. *American Journal of Science*, **294**, 56-91.
Briden, J.C., Smith, A.G. and Sallomy, J.T., 1971, The geomagnetic field in Permo-Triassic times. *Geophysical Journal of Royal Astronomical Society*, **23**, 101-117.
Briggs, D.E.G., Erwin, D.H. and Collier, F.J., 1994, The Fossils of the Burgess Shale, Smithsonian Institution Press．[邦訳：大野照文ほか，2003，バージェス頁岩化石図譜，朝倉書店]
Brunel, M., 1986, Ductile thrusting in the Himalayas: shear sense criteria and stretching lineations. *Tectonics*, **5**, 247-265.
Chappell, B.W. and White, A.J.R., 1974, Two contrasting granite types. *Pacific Geology*, **8**, 173-

174.
Chappell, J., 1994, Upper Quaternary sea levels, coral terraces, oxygen isotopes and deep-sea temperatures. *Journal of Geography*, **103**, 828-840.
千木良雅弘, 1998, 風化と崩壊, 近未来社.
Claugue, D. and Dalrymple, G.B., 1987, Volcanism in Hawai. In: Decker, R.W., Wright, T.L. and Stauffer, P.H., eds., USGS Professional Paper, 1350, 17.
Condie, K.C., 1997, Plate Tectonics and Crustal Evolution, 4th ed., Butterworth-Heinemann.
Condie, K.C. and Sloan, R.E., 1997, Origin and Evolution of Earth — Principles of Historical Geology, Prentice-Hall.
伊達市・虻田町・壮瞥町・豊浦町・洞爺村, 1995, 有珠山火山防災マップ.
恵山火山防災会議協議会, 2001, 恵山火山防災マップ, 恵山火山防災ハンドブック, 北海道恵山町・椴法華村.
Fisher, R.V. and Schmincke, H.-U., 1984, Pyroclastic Rocks, Springer-Verlag.
藤井直之, 1993, 火山噴火の予知から制御へ. 月刊地球, 号外 no. 7, 149-154.
藤岡一男, 1963, グリーン・タフ地域の地質. 鉱山地質, **13**, 358-375.
古谷尊彦, 1996, ランドスライド, 古今書院.
浜野洋三, 1996, 地球物理的観測. 岩波講座「地球惑星科学」4巻：地球の観測, 85-117.
Han, T.-M. and Runnerger, B., 1992, Megascopic eukaryotic algae from 2.1 billion-year-old Negaunee Iron-Formation, Michigan. *Science*, **257**, 232-235.
Heezen, B.C., 1960, The rift in the ocean floor. *Scientific American*, **205**, 99-111.
Hess, H.H., 1962, History of ocean basins. In: Geological Society of America, ed., Petrologic Studies, Buddington Volume, Geological Society of America, 599-620.
Hey, R., 1977, A new class of "pseudofaults" and their bearing on plate tectonics: A propagating rift model. *Earth and Planetary Science Letters*, **37**, 321-325.
広川 治ほか, 1982, 日本とその周辺における第四紀火山及び新第三紀火山活動区. 日本地質アトラス, 地質調査所, 1.
Holdaway, M.J., 1971, Stability of andalusite and alminium silicate phase diagram. *American Journal of Science*, **271**, 97-131.
Holmes, A., 1965, Principles of Physical Geology, 2nd ed., Thomas Nelson and Sons Ltd.
Honza, E., 1977, Outline of the cruise. In: Honza, E., ed., Geological Investigation of Japan and Southern Kurile Trench and Slope Areas. GH76-2 Cruise, Cruise Report, no. 7, Geological Survey of Japan, 19.
ICS, 2018, International Chronostratigraphic Chart (v2018/08).
http://www.stratigraphy.org/ICSchart/ChronostratChart2018-08.pdf
池谷元伺, 1998, 地震の前, なぜ動物が騒ぐのか, NHKブックス, 日本放送出版協会.
今泉俊文・宮内崇裕・堤 浩之・中田 高, 2018, 活断層詳細デジタルマップ〔新編〕, 東京大学出版会.
Imbrie, J., Hays, J.D., Martinson, D.G., McIntyre, A., Mix, A.C., Morley, J.J., Pisias, N.G., Prell, W.L. and Schackleton, N.J., 1984, The orbital theory of Pleistocene climate: Support from a revised chronology of the marine $\delta^{18}O$ record. In: Dordrecht, D.R., ed., Milankovitch and Climate, Part 1, 269-305.
インブリー, J.・インブリー, K.P.（小泉 格 訳）, 1982, 氷河時代の謎をとく, 岩波書店.
石 弘之, 1992, 酸性雨, 岩波新書.

石橋克彦, 1993, 大地動乱の時代―地震学者は警告する―, 岩波新書.
Ishihara, S., 1977, The magnetite-series and ilmenite-series granitic rocks. *Mining Geology*, **27**, 293-305.
Isozaki, Y., Maruyama, S. and Furuoka, F., 1990, Accreted oceanic materials in Japan. *Tectonophysics*, **181**, 179-205.
磯﨑行雄・丸山茂德, 1991, 日本におけるプレート造山論の歴史と日本列島の新しい地体構造区分. 地学雑誌, **100**, 697-761.
磯﨑行雄, 1997, 分裂する超大陸と生物大量絶滅. 科学, **67**, 543-549.
磯﨑行雄, 2000, 日本列島の起源, 進化, そして未来―大陸成長のパターンを解読する. 科学, **70**, 133-145.
Isozaki, Y., Aoki, K., Nakama, T. and Yanai, S., 2010, New insight into a subduction-related orogen : Reappraisal on geotectonic framework and evolution of the Japanese Islands. *Gondwana Research*, **18**, 82-105.
IUGS Subcommission, 1973, Plutonic rocks. Classification and nomenclature recommended by the IUGS Subcommission on the Systematics of Igneous Rocks. *Geotimes*, October, 26-30.
岩森　光, 2013, 地球の熱収支. 地球の物理学事典, 朝倉書店, 350-361.
Johnson, M.R.W., 1963, Some time relations of movement and metamorphism in the Scottish Highlands. *Geologisch en Mijinbouw*, **42**, 121-142.
核燃料サイクル開発機構, 1999, わが国における高レベル放射性廃棄物地層処分の技術的信頼性, 第1章. JNC TN1400 99-020, 1-19.
金折裕司, 1995, 足元に活断層, 朝日新聞社.
環境省, 2001, 平成13年版環境白書, 地球と共生する「環の国」日本を目指して, ぎょうせい.
環境省, 2009, 平成21年版環境白書, 循環型社会白書／生物多様性白書―地球環境の健全な一部となる経済への転換, 日経印刷.
環境省, 2018a, 放射線による健康影響等に関する統一的な基礎資料（平成29年度版）. https://www.env.go.jp/chemi/rhm/h29kisoshiryo/h29kisoshiryohtml.html
環境省, 2018b, 環境白書・循環型社会白書・生物多様性白書〈平成30年版〉環境から拓く, 経済・社会のイノベーション. http://www.env.go.jp/policy/hakusyo/
Karlstrom, K.E., Harlan, S.S., Williams, M.L., McLelland, J., Geissman, J.W. and Ahall, K.-I., 1999, Refining Rodinia: Geologic evidence for the Australia-Western U.S. connection in the Proterozoic. *GSA Today*, **9**, 1-6.
活断層研究会編, 1991, 新編日本の活断層―分布図と資料, 東京大学出版会.
川上紳一, 2000, 生命と地球の共進化, NHKブックス, 日本放送出版協会.
川崎一朗・島村英紀・浅田　敏, 1993, サイレント・アースクェイク, 地球内部からのメッセージ, 東京大学出版会.
気象庁, 2018, 活火山とは. http://www.data.jma.go.jp/svd/vois/data/tokyo/STOCK/kaisetsu/katsukazan_toha/katsukazan_toha.html
小池一之・町田　洋, 2001, 日本の海成段丘アトラス, 東京大学出版会.
Koto, B., 1893, On the cause of the great earthquake in the central Japan, 1891. *Journal of the College of Science, Imperial University, Japan*, **5**, 295-353.
熊澤峰夫・伊藤孝士・吉田茂生, 2002, 全地球史解読, 東京大学出版会.
Kushiro, I., 1996, Partial melting of a fertile mantle peridotite at high pressures: An experimental

study using aggregates of diamond. In: Basu, A. and Hart, S.R. eds., Earth Processes: Reading the Isotopic Code, Geophysical Monograph, 95, American Geophysical Union, 109-122.

久城育夫, 1998, 基調講演 マグマとは：高温高圧実験からのアプローチ. 第12回「大学と科学」公開シンポジウム組織委員会編：マグマと地球, 8-18.

Larson, R.L., 1991, Latest pulse of Earth: evidence for a mid-Cretaceous plume. *Geology*, **19**, 547-550.

Loiselle, M.C. and Wones, D.R., 1979, Characterization and origin of anorogenic granites. *Geological Society of America*, Abstracts with Programs, **11**, 468.

町田 洋, 2003, 第四紀地史の枠組み. 町田 洋・小野 昭・河村善也・大場忠道・山崎春雄・百原 新, 第四紀学, 朝倉書店, 15-39.

町田 洋, 2010, 地形と環境の編年. 太田陽子・小池一之・鎮西清高・野上道男・町田 洋・松田時彦, 日本列島の地形学, 東京大学出版会, 32-46.

Maruyama, S., Liou, J.G. and Terabayashi, M., 1996, Blueschists and eclogites of the world and their exhumation. *International Geological Review*, **38**, 485-594.

丸山茂徳・磯﨑行雄, 1998, 生命と地球の歴史, 岩波新書.

丸山茂徳, 2008, 地球温暖化論に騙されるな！, 講談社.

Mason, B., 1966, Principles of Geochemistry, John Willey & Sons, Inc.

増田富士雄, 1996, 地質時代の気候変動. 岩波講座「地球惑星科学」11巻：気候変動論, 157-219.

松田時彦, 1975, 活断層から発生する地震の規模と周期について. 地震2, **28**, 269-283.

松田時彦, 1992, 動く大地を読む, 自然景観の読み方2, 岩波書店.

松本 良・青木 豊・渡部芳夫編, 1996, 特集＝メタンハイドレート. 地質学雑誌, **102**, 931-988.

McElhinny, M.W., 1973, Paleomagnetism and Plate Tectonics, Cambridge University Press.

三井 誠, 2005, 人類進化の700万年─書き換えられる「ヒトの起源」─, 講談社現代新書.

Miyashiro, A., 1961, Evolution of metamorphic belts. *Journal of Petrology*, **2**, 277-311.

Miyashiro, A., 1972, Metamorphism and related magmatism in plate tectonics. *American Journal of Science*, **272**, 629-656.

Miyashiro, A., 1973, Metamorphism and Metamorphic Belts, George Allen & Unwin.

Moores, E.M. and Twiss, R.J., 1995, Tectonics, Freeman and Company.

森田信男・斎藤清次・佐久間澄夫・高橋 渉・吉田恒夫・佐野守宏・陣崎義信・中山 茂・鹿熊英昭, 1997, 本掘削に向けての技術開発課題と開発の可能性. 地質調査所月報, **48**, 186-243.

村田明広, 1998, デュープレックスとメランジュ─造山帯にみられる特徴的な地質構造と地質体─. 地盤工学会誌, **46**, 13-16.

長野県木曽郡王滝村, 1986, まさか王滝に─長野県王滝村の記録─.

長尾年恭, 2001, 地震予知研究の新展開, 近未来社.

内閣府, 2018, 防災白書〈平成30年版〉. http://www.bousai.go.jp/kaigirep/hakusho/h30.html

200万分の1活断層図編纂ワーキンググループ, 2000, 200万分の1日本列島活断層図─過去数十万年間の断層活動の特徴─. 活断層研究, **19**, 3-12.

Nishimura, Y. and Isozaki, Y., 1986, Pre-Jurassic Sangun metamorphic complex and Jurassic olistostromal complex in eastern Yamaguchi Prefecture. International Symposium on Pre-Jurassic East Asia, IGCP Project 224, Guidebook for Excursion, 3-49.

西村祐二郎・松里英男, 1991, 山口県の岩石図鑑, 第一学習社.
Nishimura, Y., 1998, Geotectonic subdivision and areal extent of the Sangun belt, Inner Zone of Southwest Japan. *Journal of Metamorphic Geology*, **16**, 129-140.
O'Connor, J.M., Steinberger, B., Regelous, M., Koppers, A.A.P., Wijbrans, J.R., Haase, K.M., Stoffers, P., Jokat, W. and Garbe-Schönberg, D., 2013, Constraints on past plate and mantle motion from new ages for the Hawaiian-Emperor Seamount Chain. *Geochemistry, Geophysics, Geosystems*, **14**, 4564-4584.
岡田　弘, 1982, 有珠火山1910年の群発地震. 北海道大学地球物理学研究報告, **41**, 53-63.
岡田　弘, 1986, 火山観測と噴火予知. 火山, **30**, 特別号, S301-S325.
Onodera, K. and Honza, E., 1977, Bathymetric survey. In: Honza, E., ed., Geological Investigation of Japan and Southern Kurile Trench and Slope Areas. GH76-2 Cruise, Cruise Report, no. 7, Geological Survey of Japan, 10-16.
Pitman, W.C.III, Lasson, R.L. and Herron, E.M., 1974, Isochron Map and Age Map of Ocean Basins, Geological Society of America Boulder.
Popp, R.K. and Gilbert, M.C., 1972, Stability of acmite-jadeite pyroxenes at low pressure. *American Mineralogist*, **57**, 1210-1231.
Press, F. and Siever, R., 1982, Earth, 3rd ed., Freeman and Company.
Press, F. and Siever, R., 1994, Understanding Earth, Freeman and Company.
Ramsay, J.G. and Huber, M.I., 1987, The Techniques of Modern Structural Geology, Vol. 2: Folds and Fractures, Academic Press.
理科年表, 2001, 丸善.
理科年表, 2018, 丸善.
Ringwood, A.E., 1979, Composition and origin of the Earth. In: McElhinny, M.W., ed., The Earth: Its Origin, Structure, and Evolution, Academic Press, 1-58.
斎藤成也・諏訪　元・颯田葉子・山森哲雄・長谷川眞理子・岡ノ谷一夫, 2006, ヒトの進化. シリーズ進化学, 岩波書店.
寒川　旭, 1992, 地震考古学, 中公新書.
産業技術研究所, 2018, 活断層データベース《GoogleMaps版》. https://gbank.gsj.jp/activefault/index_gmap.html
佐藤正典・東　幹夫・佐藤慎一・加藤夏絵・市川敏弘, 2001, 諌早湾・有明海で何がおこっているのか？ 科学, **71**, 882-893.
Scholz, C.H., Sykes, L.R. and Aggreval, Y.P., 1973, The physical basis for earthquake prediction. *Science*, **181**, 803-810.
Scotese, C.R., 1994, Paleogeography of Kazanian (Late Permian; 255 Ma). *Geological Society of America, Special Paper*, no. 288, cover.
Sekiya, K. and Kikuchi, Y., 1890, The eruption of Bandai-san. *Journal of the College of Science, Imperial University, Japan*, **3**, 91-172.
Sepkoski, J.J.Jr., 1984, A kinetic model of Phanerozoic taxonomic diversity, III. post-Paleozoic families and mass extinctions. *Paleobiology*, **10**, 246-267.
Seyfert, C.K. and Sirkin, L.A., 1979, Earth History and Plate Tectonics: An Introduction to Historical Geology, Harper & Row Publication.
柴田　徹・清水正喜・八嶋　厚・三村　衛, 1984, 浜田市の土砂災害の実態と中場崩壊地の土質特性. 昭和58年10月3日三宅島噴火および災害に関する調査研究, 文部省科学研究費自然

災害特別研究突発災害研究成果，B-58-3, 38-49.
柴田鉄治，2000，科学事件，岩波新書．
資源エネルギー庁，2018，エネルギー白書2018「平成29年度エネルギーに関する年次報告」．
　http://www.enecho.meti.go.jp/about/whitepaper/
Simkin, T. et al., 1981, Volcanoes of the World, Smithsonian Institution Press.
信州大学自然災害研究会，1986，昭和60年長野市地附山地すべりによる災害，信州大学自然災害研究会．
Stanley, S.M., 1999, Earth System History, Freeman and Company.
末広　潔，1996，地震の観測．岩波講座「地球惑星科学」4巻：地球の観測，119-172.
末広　潔・廣井美邦，1997，地殻の構造を探る．岩波講座「地球惑星科学」8巻：地殻の形成，1-48.
砂川一郎，1971，ダイヤモンドの話，岩波新書．
平　朝彦，2001，地球のダイナミックス．地質学1，岩波書店．
田近英一，1996，地球の構成．岩波講座「地球惑星科学」1巻：地球惑星科学入門，47-100.
高見美智夫・磯崎行雄・西村祐二郎・板谷徹丸，1990，山口県東部の弱変成ジュラ紀付加コンプレックス（玖珂層群）の原岩形成年代と変成年代．地質学雑誌，**96**, 669-681.
巽　好幸，1995，沈み込み帯のマグマ学：全マントルダイナミクスに向けて，東京大学出版会．
巽　好幸・高橋正樹，1997，地殻の成り立ちとマグマプロセス．岩波講座「地球惑星科学」8巻：地殻の形成，49-110.
Taylor, S.R. and McLennan, S.M., 1985, The Continental Crust: its Composition and Evolution, Blackwell Scientific Publication.
時岡達志，1996，地球温暖化．岩波講座「地球惑星科学」3巻：地球環境論，101-137.
Tsunogai, T. and Wakita, T., 1996, "Anomalous changes in ground water chemistry: Possible precursors of the 1995 Hyogoken Nanbu earthquake", Japan. *Journal Physical Earth*, **44**, 381-390.
上田誠也，1971，新しい地球観，岩波新書．
上田誠也，2001，地震は予知できる，岩波科学ライブラリー．
宇井忠英編，1997，火山噴火と災害，東京大学出版会．
宇佐美龍夫・石井　寿・今村隆正・武村雅之・松浦律子，2013，日本被害地震総覧599-2012. 東京大学出版会．
Vine, F.J., 1966, Spreading of the ocean floor: new evidence. *Science*, **154**, 1405-1415.
Wegener, A., 1929, Die Entstehung der Kontinente und Ozeane, 4, umgearbeitete Auflage, Vieweg und Sohn.（都城秋穂・紫藤文子，1981，大陸と海洋の起源―大陸移動説―，上・下，岩波文庫）
White, A.J.R., 1979, Source of granite magmas. *Geological Society of America*, Abstracts with Programs, **11**, 539.
Wyllie, P.J., 1971, The Dynamic Earth: Textbook in Geosciences, John Wiley & Sons, Inc.
Xiao, S., Zhang, Y. and Knoll, A.H., 1998, Three-dimensional preservation of algae and animal embryos in a Neoproterozoic phosphorite. *Nature*, **391**, 553-558.
山中高光編，1995，宇宙・地球：その構造と進化，学術図書出版社．
湯原浩三，1992，大地のエネルギー地熱，古今書院．
Zindler, A. and Hart, S.R., 1986, Chemical geodynamics. *Annual Review of Earth and Planetary Sciences*, **14**, 493-571.

索　引

ア　行

アイスランド式噴火　94
アイソグラッド　69
アイソスタシー　40, 154
Iタイプ花崗岩　59
アカスタ片麻岩　126
秋吉帯　145, 151
アセノスフェア　31, 41, 80, 86
圧力型　73
天の川銀河　3
アメイジア　155
アルカリ玄武岩質マグマ　57
アルパイン断層　36
アルプス山脈　19, 35, 104
安山岩　58
安山岩質マグマ　58, 94
アンチフォーム　106
安定大陸　19, 26, 105, 126
アンデス山脈　19, 35, 103

イエローバンド　104
イスア地域　126
伊豆-小笠原弧　141, 154
糸魚川-静岡構造線　111, 147
色指数　52-54
岩なだれ　167
隕　石　4, 22, 31, 42, 125, 136
引　力　10

ウィルソン・サイクル　85
ウインドウ　110
動きの速さ　8
宇　宙　2
U-Pb法　124
雲仙（普賢）岳　9, 165, 167
運搬作用　116, 126

エアロゾル　165
永久磁石　12
Aタイプ花崗岩　61

液状化　175
X　線　13
Sタイプ花崗岩　59
S　波　23, 24, 30, 98
エディアカラ生物群　130, 132
エベレスト山　6, 18, 104
MIS　158
Ma　124
Mタイプ花崗岩　61
縁　海　22
塩基性　53
遠心力　5, 10
延　性　106, 111
遠洋性堆積物　65

オイラー極　86
応力（ストレス）　69, 106
大型多細胞生物　130
隠岐帯　143
オゾン層　5, 8, 157, 182
オゾンホール　182
オフィオライト　71
オリストストローム　66
オリストリス　66
オルドビス紀　133
温室効果　136, 157, 184
温　泉　164, 172
御嶽山　165, 179

カ　行

外　核　25, 31
海　溝　21, 34, 80, 87, 149
海溝型地震　101, 172, 175
海　山　21, 28, 83
海水準変動　118, 158
海成（海岸）段丘　120
海　台　21
海底拡大説　79, 81
海底掘削　21
海底の拡大速度　82
回転楕円体　5

開発と自然との調和　188
海洋酸素同位体ステージ　158
海洋性堆積物　66
海洋性島弧　29
海洋地殻　15, 27, 39, 44, 61
海洋プレート　32, 34, 61, 66, 151
海洋プレート層序　65
海洋プレート内地震　174
海嶺火山　88, 95
海嶺玄武岩　57
化学化石　126, 130
化学残留磁気　13
化学的堆積岩　64
化学的風化　113
核　25, 31, 42, 125
角閃岩　70
核-マントル境界（CMB）　25
崖崩れ　178
花崗岩　54, 58, 143, 149
　　──の起源　59
　　──の純増　152, 153
　　──のタイプ区分　59
　　──のモード組成　59
花崗岩質岩石　26, 39, 59, 127, 141
花崗岩質マグマ　59, 61
花崗閃緑岩　58
火砕岩（火山砕屑岩）　50, 54
火砕流　9, 95, 166
火　山　88, 165
　　──の恩恵　170
　　──の形　90
　　──の成因　95
　　──の分布　88
火山ガス　95, 167
火山活動　34, 88, 165
火山岩　50, 52, 142
火山弧　29, 96, 141
火山災害　95, 165
火山砕屑物　54, 165

火山情報　169
火山体崩壊　167
火山泥流　166, 170
火山島　21, 28, 83
火山灰　88, 95
火山フロント　89
火山噴火のメカニズム　92
火山噴火の様式　93
火山噴火の予知　168
火山防災　169
火山防災マップ　170
可視光線　13
ガスハイドレート　163
火成岩　50, 52
　――の産状　55
　――の多様性　56, 58
　――の分類　52, 54
火成作用　52, 68, 103
河成(河岸)段丘　120
化　石　65, 131
化石エネルギー資源　161, 182-184
化石層序区分　122
化石帯　122
カタクレーサイト　112
活火山　88, 155
活断層　97, 111, 147, 174
活断層地震　101, 174
活動的大陸縁の時代　148, 149
活動度　98
下部マントル　30, 37
神居古潭変成岩　145
K-Ar法　124
カルデラ　89, 91
カレドニア造山運動　105
岩　型　70
完晶質等粒状組織　52
完新世　138
含水珪酸塩鉱物　62, 114
岩　石　42, 50
　――の分類　50
岩石サイクル(循環)　50
岩石資源　159
岩相層序区分　122
環太平洋　20, 21, 34, 88
間氷期　119, 137, 158
カンブリア紀　132
かんらん岩　26, 28, 56, 95
かんらん石ソレアイト質マグマ　57

紀　123, 131
期　123
気　圏　16, 51, 113
気候変動　118, 185
北アメリカプレート　141
逆断層　104, 109, 174
キュリー温度　12
ギョー　80
凝灰岩　55
凝灰質砂岩　63
共役断層　110
恐　竜　8, 123, 135
極移動経路　78
輝緑岩岩脈群　28
銀河系　1
キンク褶曲　107
金属資源　43, 160, 172
キンバーライト　22

空間的な大きさ　6
苦鉄質　53
苦鉄質鉱物　53
グーテンベルグ不連続面　25
クラトン　19, 105
クリッペ　110
グリーンタフ　146, 154
黒瀬川・大江山高圧型変成岩　145, 150

Ka　124
珪酸塩鉱物　46
珪質泥岩　65, 66
計測震度　99
珪長質　53
珪長質鉱物　53
K/Pg境界　136
頁　岩　63
結　晶　45
結晶分化作用　58
ゲリラ豪雨　186
減圧溶融　56, 96
原核生物　128
原始海洋　8, 156
原始大気　156
原始太陽　3
原始地球　125
原始惑星　3
原始惑星系円盤　3
顕生代　122, 125, 131
原生代　122, 128

元素組成　43
現代人　8, 140
玄武岩　54, 58
玄武岩質岩石　26, 28, 39
玄武岩質マグマ　56, 58, 93, 95, 96
高圧型　73
高圧型変成岩　103, 145, 151, 153
広域応力場　111
広域変成岩　51, 70
広域変成作用　70, 103
広域変成帯　71, 73
降温期変成作用　68
恒温層　15
宏観異常現象　176
光合成　8, 127-129, 157
向　斜　106
鉱床　161, 172
更新世　138
鉱　石　161
鉱　物　42, 45
　――の合成　49
　――の分類　46
鉱物資源　159
鉱物分帯　69, 72
弧-海溝系　87, 141
国際深海科学掘削計画(IODP)　20
弧状列島　20
古生代　123, 131
古第三紀　137
固体地球圏　16
古地磁気　12, 77
固溶体　47
コルディレラ型　102
コールドプルーム　38
ゴンドワナ大陸　78

サ　行

再結晶作用　68
最古の化石　127
最古の岩石　8, 9, 126
最古の小大陸　127
最古の真核生物　130
最終氷期　41, 140
再生可能エネルギー　165
砕屑性堆積岩(砕屑岩)　63
砕屑物　63, 113, 116

索　引

砂　岩　63, 66
座　屈　107
サブダクション帯　35
サヘラントロプス　138
サンアンドレアス断層　36, 98
サンゴ礁　64
三畳紀　78
3重点　49
酸　性　53
酸性雨　114, 136, 183
酸素-珪素四面体　46
三波川変成岩　152
三波川(変成)帯　73, 145, 147

シアノバクテリア　8, 128, 157
Ga　124
シェブロン褶曲　107
ジオイド　6
紫外線　5, 13, 182
時間的な大きさ　6, 7
磁気圏　5, 11, 16
磁極の移動　13, 78
始原大気　125
示準化石　122
地　震　85, 97
　──の分布　101
　──の予知　176
地震災害　172
地震動　9, 174, 175
地震波　9, 22, 98
地震発生のメカニズム　96
地震(波)トモグラフィー　36, 88
地震防災　177
地すべり　178
沈み込み型造山運動(帯)　103, 127, 153
沈み込み型造山運動の特性　153
沈み込み帯　35, 127
磁性鉱物　12, 77
自然災害　178, 180
示相化石　122
磁鉄鉱系列　61
磁場の逆転　13, 78, 82
地盤沈下　180
縞状鉄鉱層　114, 129, 161
四万十帯　145, 153
ジャイアントインパクト　3
斜面災害　178

褶　曲　69, 104, 106, 143
　──の幾何学要素　106
褶曲山脈　19, 51, 108
収束境界　34, 87, 95, 102, 141
自由度　48
重　力　10, 87
重力異常　11, 41
重力加速度　10
重力補正　11
受動的大陸縁の時代　148
シュードタキライト　112
ジュラ紀　135
昇温期変成作用　68
衝上断層　104, 109
状態図　49
鍾乳石　64, 114
上部マントル　30, 37, 50, 56
初期猿人　8, 16, 138
初期微動継続時間　98, 174
初生(本源)マグマ　56, 57
シルル紀　133
人為災害　180
新エネルギー　164
震　央　22, 98
深海底での堆積速度　9
深海平原　18
真核生物　128
震　源　22, 98, 175
震源断層　97
侵食作用　114, 120, 126
深成岩　50, 52
新生代　123, 137, 138
新第三紀　137
震　度　99, 175
震度階級　99
シンフォーム　106
人　類　8, 138, 159
　──の起源　138
　──の出現　9
　──の進化　139
人類紀　138, 139

水　圏　16, 51, 113
水質汚染　181
水蒸気爆発　95, 165
数値年代　124
周期変成岩　152
周防(変成)帯　73, 145
スカンジナビア半島　41
ストロマトライト　128

ストロンボリ式噴火　94
スーパープルーム　149
スラスト　110
スラブ　37, 88, 95, 102
スラブ内地震　174
スレート　67, 70
スローアースクェイク　174

世　123
星間分子雲　3
整合(面)　117
脆　性　106, 111
脆性破断　69
成層火山　89, 91
成層構造　24
正断層　33, 109
西南日本(弧)　73, 141, 143
生物圏　16, 113
生物的堆積岩　63
生物的風化　114
生物の陸上進出　8, 131, 182
世界の火山　88
世界の地震　87, 102
石英ソレアイト質マグマ　57
赤外線　13, 14
石　筍　64
石　炭　63, 133, 141, 159, 161
石炭紀　75, 133
石　墨　48, 73
石　油　64, 136, 141, 159, 161
石灰岩　63, 104, 151, 159
石　基　52
接触変成岩　51, 70
接触変成作用　71
接触変成帯　71
絶対年代　123
節　理　109, 113
先カンブリア時代　122, 125
全球凍結事件　128, 130
千枚岩　67, 70, 143
閃緑岩　58

層　122
造岩鉱物　45, 53, 113
双極子磁場　11, 78
層　群　122
造山運動　19, 26, 35, 73, 102, 153
造山帯　19, 27, 70, 87, 102, 143, 148

走時曲線　23, 98
相似褶曲　107
層　序　121
層状の構造　16
層序区分　121
相対年代　65, 122
相転移　30
相平衡　48
相平衡図　49
相　律　48
層理面　64, 122
続成作用　62, 68
組　織　52, 70
塑性変形(体)　69, 106, 112

タ　行

代　123, 131
大気汚染　182, 183
太古代　122, 126
大山脈　19, 26, 34, 70, 87, 102
第三惑星　4
堆積岩　50, 62, 126, 142
――の分類　62
堆積作用　62, 66, 116, 126
堆積残留磁気　13, 77
堆積物　62, 116
大地溝帯　19, 27, 33, 87
対　比　121
太平洋プレート　89, 141, 154
ダイヤモンド　22, 45, 48, 49, 73, 160
太陽系　1, 125, 156
――の形成　3
大洋底　18, 27, 87
太陽定数　13
大洋底変成岩　70
大洋底変成作用　71
太陽(放射)エネルギー　13, 16, 50, 157
第四紀　97, 138, 157
大陸移動説　9, 75, 83
大陸斜面　18
大陸衝突域　85, 155
大陸衝突型造山運動(帯)　74, 76, 103
大陸性島弧　27
大陸棚　18, 75
大陸地殻　15, 26, 39, 44, 61, 127, 141
大陸プレート　33, 35

大陸プレート内地震　174
大陸平原　18
大量絶滅(事件)　39, 134, 136
多　形　48, 73
楯状火山　91, 94
縦　波　23
棚倉構造線　143
タフォニ　113
玉ねぎ状風化(構造)　113
段丘の形成　120
単成火山　90
弾性波　97
弾性反発理論　97
弾性変形(体)　96, 106
単　層　122
断　層　97, 109, 143
――の幾何学　109
断層崖　174
断層ガウジ　111
断層角礫　112
断層岩　111
断層破砕帯　111
断層変位　174
^{14}C法　124
断　裂　108
断裂帯　21, 35, 83

地温勾配　15, 61, 164
地　殻　24, 26, 42, 92, 125
――の化学組成　42
――の構成単元　42
地殻均衡説　40
地殻熱流量　15, 79
地殻変動　55, 105, 118
地下増温率　15, 164
地　球　1, 4
――に関するおもな定数　7
――のエネルギー　13
――の形　5
――の誕生　9, 125
地球温暖化　141, 184, 186
地球型惑星　1, 3
地球環境(問題)　8, 17, 156, 182
地球寒冷化　158, 186
地球史　125
地球システム　16
地球磁場　12, 77, 81
地球深部探査船「ちきゅう」　21
地球全体の化学組成　42

地球ダイナモ　12
地球楕円体　6
地球内部エネルギー　15, 16, 50
地球内部の圧力　26
地球内部の温度　26
地球内部の密度　26
地球半径　6
地球表層の凹凸　18, 39
地球表層の変化　112
地球46億年史　7, 9, 125
地向斜造山論　102
地磁気　11
――の3要素　11
――の縞模様　81
地磁気異常　81
地磁気年代尺度　79, 82
地質系統　123
地質構造　71, 105
地質年代　65, 121, 122
地質年代尺度　121, 124
千島弧　141
地層同定の法則　65, 121
地層面　64, 122
地層累重の法則　64, 67, 121
チタン鉄鉱系列　61
秩父帯　145
地電流　177
地熱資源　164
地熱発電　164, 170
地表地震断層　97, 174
チベット高原　104, 138
チャート　63, 66, 127, 151
チャレンジャー海淵　7, 18
中圧型　73
中央海嶺　21, 27, 33, 71, 79, 87
中央構造線　111, 147
中間質　53
中心噴火　91
中　性　53
中生代　123, 135
超塩基性　53
超苦鉄質　53
超高圧変成岩　73
超深度ボーリング　7, 22, 163
超大陸　128, 132, 148
直方(斜方)輝石　30, 53
直下型地震　174

対の変成帯　73

津　波　136, 167, 174, 175

低圧型　73
低圧型変成岩　103, 152
D″層　31, 38
泥　岩　63, 66
デイサイト　58
デイサイト質マグマ　58, 94, 169
低速度層　25, 30, 31, 86
テチス海　104
テープレコーダー・モデル　82
デボン紀　133
デュープレックス　110
電磁石　12
電磁波　13
天然ガス　141, 163
天然資源　159
天皇海山列　29, 83
天文単位　1

同位体年代　124
同化作用　59
島　弧　20, 27, 70, 103, 141, 154
　──の屈曲　154
　──の時代　148, 153
島弧火山　88, 95
東北地方太平洋沖地震　175, 176, 186
東北日本(弧)　141, 145
土砂災害　178
土壌汚染　181
土石流　178
トラフ　22
トランスフォーム断層(帯)　21, 35, 82, 87

ナ　行

内　核　25, 31
内水水害　181
内陸地震　101, 174
内陸地殻内地震　174
ナップ　110

新潟地震　176
二酸化炭素濃度　185
西日本火山帯　89
日本海溝　34
日本海の形成　146, 154

日本の火山　88
日本の起源　148
日本の地震　102
日本列島　35, 67, 103, 141
　──の帯状構造　143
　──の基盤岩　142
　──の基本構成　141
　──の未来　155
日本列島7億年史　8, 9, 148
人間圏　16

ヌーナ　128

熱残留磁気　13, 77, 81
熱水鉱床　51
熱伝導率　14
粘性流動(流体)　93, 106, 166
年代測定(法)　123
粘土鉱物　62, 114
粘板岩　70

能動的プレート対流論　87
濃尾地震　174
野母・大江山オフィオライト　149

ハ　行

ハイアロクラスタイト　55
背弧海盆　22, 154
背斜　106
白亜紀　135
ハザードマップ　177
バージェス動物群　132
バソリス(底盤)　55
破断面　108
発散境界　33, 87, 95
ハワイ式噴火　94
ハワイ諸島　9, 28, 83
パンゲア　9, 75, 84, 132, 134
パンサラサ　132
斑　晶　52
斑状組織　52
半深成岩　51, 53
万有引力　10
　──の法則　5
斑れい岩　28, 58, 65

被害地震　172
東日本火山帯　89
微化石　65, 67, 127

ピクライト質マグマ　57
非結晶質　45
非再生産資源　159
歪　96, 106, 174
日高変成岩　145
ビッグバンモデル　3
P/T境界　134, 136
P　波　23, 24, 98
BP　124
ヒマラヤ山脈　6, 19, 35, 104, 137
氷河時代　138, 139, 157
氷河性海面変動　118
氷河堆積物の分布　76, 134
氷　期　119, 137, 138, 158
兵庫県南部地震　9, 99, 174, 176
ピルバラ地域　127
微惑星　3, 156

V字谷　115
FT法　124
フィリピン海プレート　89, 141, 154
風化作用　113
フェンスター　110
フォッサマグナ　147
付加作用　67, 103
付加体　65, 103, 121, 143, 145, 150
　──の形成　65, 150, 152
複成火山　90
不整合(面)　117, 122
部　層　122
物質圏　16
物理的風化　113
部分溶融　57, 59, 92
プリニー式噴火　94
ブルカノ式噴火　94
プルーム　37, 126, 127
プルームテクトニクス　38, 88
プレート　31, 87, 126
　──の厚さ　33
　──の動き(移動速度)　9, 31
　──を動かす原動力　87
プレート間地震　172
プレート境界　33, 87, 101, 143, 149
プレート境界地震　174
プレート造山論　102

プレートテクトニクス 31, 85, 126
不連続反応系列 58
フロンガス 182
分化 16, 58
噴火警報 170
噴火予報 170
噴砂丘 175

平均変位速度 98
平行褶曲 107
劈開(岩石) 109
劈開(鉱物) 45, 113
劈開褶曲 108
ヘルシニア造山運動 105
ベルトコンベア・モデル 80
ペルム紀 133
変化の大きさ 6, 8
片岩 70, 143, 152
変形作用 68, 69
変形様式 105
片状組織 69
変成岩 26, 50, 67, 142
　——の分類 70
変成結晶作用 68
変成鉱物 69, 72
変成作用 67, 72
変成相 72
変成相系列(相系列) 72
変動帯 101
扁平率 6
片麻岩 70, 143, 149
片麻状組織 69
片理 69

放散虫 66
放射収支 14
放射性元素の崩壊 15
放射性廃棄物 186
放射年代 67, 123
捕獲岩 22, 59
補償面 40
ホットスポット 29, 83, 88, 95
ホットスポット火山 88, 96
ホットプルーム 37
ボニナイト質マグマ 57
ホモ・サピエンス 8, 140
ホモ・ハビリス 139
ホルンフェルス 70, 71

マ 行

マイロナイト 112
マウナロア火山 28, 91
マグニチュード 99, 100, 175
マグマ 50, 52, 88, 89
　——の発生 56
マグマオーシャン 125
マグマ混合 59
マグマ水蒸気爆発 95
マグマ溜り 28, 58, 59, 89, 92
枕状溶岩 28, 65, 126
曲げ褶曲 108
曲げ-すべり褶曲 108
曲げ-流れ褶曲 108
真砂 113
マリアナ海溝 7, 18, 32
マントル 24, 29, 42, 87, 125
マントルウェッジ 95
マントル遷移層 30
マントル対流 127
マントル対流説 76
マントルプルーム 84, 96
マントルベッディング 94

水惑星 5, 59, 62
美濃・丹波帯 145, 151
ミランコビッチサイクル 119, 137, 138, 158

無色鉱物 53, 59

冥王代 122, 125
メガリス 38
メソスフェア 32
メランジュ 66
面角一定の法則 45

木星型惑星 1, 3, 4
モースの硬度計 46
最も高い山 7, 18
最も深い海 7, 18
モホロヴィチッチ不連続面(モホ面) 24, 29
モーメントマグニチュード 101
モレーン 117
モンスーン気候 138

ヤ 行

有感地震 169
有色鉱物 53
遊離酸素 8, 130, 157
U字谷 115
ユーラシアプレート 141, 154

溶岩 88, 93
　——の粘性 93, 166
溶岩円頂丘 90, 94
溶岩流 94, 166, 170
揚子地塊 148, 149
溶融開始曲線 56
横ずれ境界 35, 87, 88
横ずれ断層 83, 109, 143, 148
横波 23
横曲げ 107

ラ 行

陸源堆積物 65
陸弧 19, 70, 103
陸弧火山 88
リソスフェア 31, 41, 80, 86, 113
リフト 33, 95
琉球弧 141
流体圏 16
流紋岩 58
流紋岩質マグマ 58, 94
領家変成岩 152
領家(変成)帯 73, 147
緑色岩 66

累進変成作用 69, 73
Rb-Sr法 124

礫岩 63, 126
裂罅 109
蓮華変成岩 152
蓮華(変成)帯 73, 145
連続反応系列 58

ロッキー山脈 19, 35, 103
ロディニア 129, 148

ワ 行

惑星 1, 3, 125
和達-ベニオフ帯 102
割れ目噴火 91

編著者略歴

西村祐二郎（にしむらゆうじろう）
1940年　広島県に生まれる
1967年　広島大学大学院理学研究科博士課程中退
現　在　山口大学名誉教授
　　　　理学博士

基礎地球科学　第3版　　　　　定価はカバーに表示

2002年10月 1 日　初　版第 1 刷
2010年 4 月20日　　　　第13刷
2010年11月30日　第 2 版第 1 刷
2019年 4 月20日　　　　第10刷
2019年 8 月 1 日　第 3 版第 1 刷
2023年 4 月10日　　　　第 5 刷

編著者　西　村　祐 二 郎
発行者　朝　倉　誠　造
発行所　株式会社　朝　倉　書　店
　　　　東京都新宿区新小川町 6-29
　　　　郵便番号 162-8707
　　　　電話 03(3260)0141
　　　　FAX 03(3260)0180
　　　　https://www.asakura.co.jp

〈検印省略〉

© 2019〈無断複写・転載を禁ず〉　　　Printed in Korea

ISBN 978-4-254-16074-1　C 3044

JCOPY　〈出版者著作権管理機構 委託出版物〉

本書の無断複写は著作権法上での例外を除き禁じられています．複写される場合は，そのつど事前に，出版者著作権管理機構（電話 03-5244-5088，FAX03-5244-5089，e-mail: info@copy.or.jp）の許諾を得てください．

地球温暖化
―そのメカニズムと不確実性―

日本気象学会地球環境問題委員会編

16126-7 C3044　　B5判 168頁 本体3000円

原理から影響まで体系的に解説。〔内容〕観測事実／温室効果と放射強制力／変動の検出と要因分析／予測とその不確実性／気温，降水，大気大循環の変化／日本周辺の気候の変化，地球表層の変化／海面水位上昇／長い時間スケールの気候変化

日本の地質構造100選

日本地質学会構造地質部会編

16273-8 C3044　　B5判 180頁 本体3800円

日本全国にある特徴的な地質構造―断層，活断層，断層岩，剪断帯，褶曲層，小構造，メランジュ―を100選び，見応えのあるカラー写真を交えわかりやすく解説。露頭へのアクセスマップ付き。理科の野外授業や，巡検ガイドとして必携の書。

図説 日本の活断層
―空撮写真で見る主要活断層帯36―

前京大 岡田篤正・山形大 八木浩司著

16073-4 C3044　　B5判 216頁 本体4800円

全国の代表的な活断層を，1970年代から撮影された貴重な空撮写真を使用し，3Dイメージ，イラストとあわせてビジュアルに紹介。断層の運動様式や調査方法，日本の活断層の特徴なども解説し，初学者のテキストとしても最適。オールカラー

土砂災害と防災教育
―命を守る判断・行動・備え―

檜垣大助・緒續英章・井良沢道也・今村隆正・山田 孝・丸谷知己編

26167-7 C3051　　B5判 160頁 本体3600円

土砂災害による被害軽減のための防災教育の必要性が高まっている。行政の取り組み，小・中学校での防災学習，地域住民によるハザードマップ作りや一般市民向けの防災講演，防災教材の開発事例等，土砂災害の専門家による様々な試みを紹介。

図説 地球科学の事典

前東大 鳥海光弘編

16072-7 C3544　　B5判 248頁 本体8200円

現代の観測技術，計算手法の進展によって新しい地球の姿を図・写真や動画で理解できるようになった。地球惑星科学の基礎知識108の項目を見開きページでビジュアルに解説した本書は自習から教育現場まで幅広く活用可能。多数のコンテンツもweb上に公開し，内容の充実を図った。〔内容〕地殻・マントル・造山運動／地球史／地球深部の物質科学／地球化学／測地・固体地球変動／プレート境界／巨大地震・津波・火山／地球内部の物理学的構造／シミュレーション／太陽系天体

地球の物理学事典

東大 本多 了訳者代表

16058-1 C3544　　B5判 536頁 本体14000円

Stacey and Davis 著"Physics of the Earth 4th"を翻訳。物理学の観点から地球科学を理解する視点で体系的に記述。地球科学分野だけでなく地質学，物理学，化学，海洋学の研究者や学生に有用な1冊。〔内容〕太陽系の起源とその歴史／地球の組成／放射能・同位体・年代測定／地球の回転・形状および重力／地殻の変形／テクトニクス／地震の運動学／地震の動力学／地球構造の地震学的決定／有限歪みと高圧状態方程式／熱特性／地球の熱収支／対流の熱力学／地磁気／他

地球と宇宙の化学事典

日本地球化学会編

16057-4 C3544　　A5判 500頁 本体12000円

地球および宇宙のさまざまな事象を化学的観点から解明しようとする地球惑星化学は，地球環境の未来を予測するために不可欠であり，近年その重要性はますます高まっている。最新の情報を網羅する約300のキーワードを厳選し，基礎からわかりやすく理解できるよう解説した。各項目1～4ページ読み切りの中項目事典。〔内容〕地球史／古環境／海洋／海洋以外の水／地表・大気／地殻／マントル・コア／資源・エネルギー／地球外物質／環境（人間活動）

上記価格（税別）は2022年1月現在

地 球 史 年 表

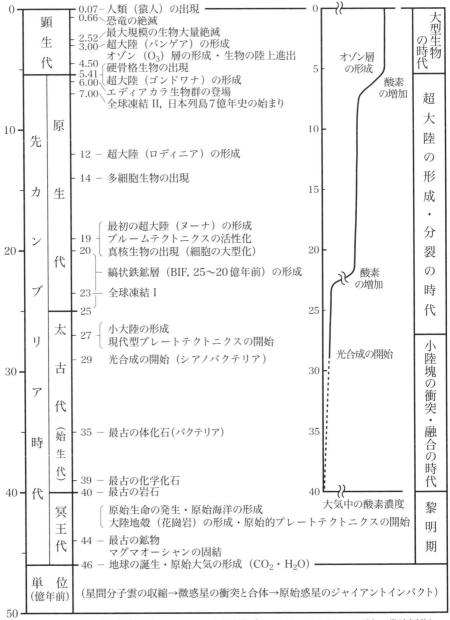

(地質年代尺度を ICS, 2018 と理科年表, 2018 にしたがい, 西村・磯﨑編集)

顕生代年代表

地質年代 ×10^6年				動物界			植物界	大量絶滅	日本列島 7億年史		
新生代	第四紀		2.58	哺乳類	人類	ビカリア	被子植物時代		島弧の時代	日本海の形成	
	新第三紀		23.0			貨幣石					
	古第三紀		66.0					K/Pg境界 隕石衝突	活動的大陸縁の時代（付加体の形成・造山運動）	四万十帯	花崗岩
中生代	白亜紀	後期	100.5	爬虫類時代	アンモナイト・恐竜	イノセラムス	裸子植物時代			三波川高圧型変成作用	花崗岩
		前期	145.0			始祖鳥					
	ジュラ紀		201.3			モノチス		T/J境界 ?		美濃・丹波帯	花崗岩
	三畳紀（トリアス紀）		251.9					P/T境界 マントルプルーム G/L境界		周防高圧型変成作用	花崗岩
古生代	ペルム紀（二畳紀）		298.9	両生類時代	三葉虫	フズリナ	シダ植物時代			秋吉・舞鶴帯	
	石炭紀	後期	323.2							蓮華高圧型変成作用	
		前期	358.9								
	デボン紀		419.2	魚類時代		ハチノスサンゴ・筆石		F/F境界 ?		?	
	シルル紀		443.8							黒瀬川・大江山高圧型変成作用	花崗岩
	オルドビス紀		485.4	硬殻無脊椎動物			菌藻植物時代	O/S境界 ?			
	カンブリア紀		541.0			古杯類				野母・大江山オフィオライト	花崗岩
先カンブリア時代 原生代				無殻無脊椎動物時代				E/C境界 ?	受動的大陸縁の時代	超大陸ロディニア分裂	

（地質年代尺度をICS, 2018と理科年表, 2018にしたがい，西村・磯崎編集）